第2版
確率・統計学入門

勝野恵子 著

八千代出版

第2版 はしがき

　本書を出版してから6年になる。この度、出版社から改訂をすすめられ、初版で触れなかったベイズの定理や比率の推定、検定などについての説明を加えるとともに、練習問題も追加し、第2版として出版することとした。
　あらたに加えた説明は、第8章補論としてまとめてある。また、追加した練習問題は、補充問題として巻末にまとめ、関連する章を示してある。
　この第2版の出版にあたっては、八千代出版の中澤修一氏に再度御世話になった。厚く御礼申し上げたい。

2003年2月　　　　　　　　　　　　　　　　　　　　　　　著　者

まえがき

　本書は、確率および統計の入門書である。数学嫌いの人にも確率および統計の基礎的な概念や考え方が理解できるように、難しい数式による理論的な説明はできるだけ避け、具体的かつ実用的な例を使って説明し、自然に確率、統計に慣れ親しむように配慮した。

　現在では自然科学のみならず社会、人文科学などほとんどすべての分野において、統計のデータが用いられており、確率、統計の基礎知識は、理系の学生だけでなく、ほとんどすべての分野の学生に必要とされている。また、日常生活においても推定、検定の基礎知識があれば、統計資料に対する見方も変わり、結果の数値のみに振り回されることも避けられるように思われる。したがって推定、検定については、理論を証明することよりも、身近な実用例をあげ日常生活にも応用できるということに重点をおいて解説した。なお、データの処理に伴う煩雑な計算はできるだけ避け、必要最低限の計算は、電卓と数表を使って行えるようにした。

　最後に、本書の執筆を強く勧めてくださった田川正賢教授、ならびに出版にあたり校正などでお世話いただいた八千代出版の中澤修一氏に、心から感謝いたします。

1997 年 1 月　　　　　　　　　　　　　　　　　　　　　著　者

目　次

まえがき

§1　順列・組合せ ——— 1
1　順　　列……1
2　組合せ……4
3　和を表わす記号 Σ，電卓使用法……5
4　二項定理と二項係数 $_nC_r$（組合せ数）の性質……8
5　パスカルの数三角形……10

§2　確　率 ——— 13
1　定　　義……13
2　確率の和の法則……15
3　確率の積の法則……17
4　ベルヌイ試行……18
5　メレの賭けの臨界値……19

§3　確率変数と平均・分散 ——— 23
1　確率分布……23
2　平　　均……25
3　分散・標準偏差……28
4　チェビシェフの不等式……31
5　確率変数の変換……33

§4　代表的な確率分布 ——— 37
1　二項分布……37

  2 二項分布の平均，分散，標準偏差……*38*

  3 大数の法則……*40*

  4 標準正規分布……*42*

  5 正規分布……*46*

  6 ポアソン分布……*48*

§5 資料の整理 ——————————————————————— *55*

  1 平均・分散・標準偏差……*55*

  2 度数分布・相対度数・累積度数……*57*

  3 度数分布表における平均・分散・標準偏差……*60*

  4 資料の代表値……*61*

§6 相　　　関 ——————————————————————— *65*

  1 相関図（散布図）……*65*

  2 共分散と相関係数……*66*

  3 回帰直線……*71*

§7 推定と検定 ——————————————————————— *75*

  1 母集団と標本抽出……*75*

  2 不偏推定量……*78*

  3 母平均の推定……*79*

  4 仮説検定……*83*

  5 χ^2 検定……*87*

  6 分散および平均の差に関する検定……*91*

§8 補　　　論 ——————————————————————— *95*

  1 ベイズの定理……*95*

  2 点推定……*97*

3 母比率の推定……*98*
4 母分散の推定……*101*
5 比率の検定……*102*
6 二つの比率の差の検定……*104*
7 χ^2（カイ2乗）分布，t 分布，F 分布……*106*

補充問題……*113*
練習問題と補充問題の解答……*118*
数　　表……*123*
索　　引……*143*

§1 順列・組合せ

1 — 順　　列

相異なる n 個のものから r 個とって 1 列に並べたものを，**n 個から r 個とる順列**といい，その順列の数を $_nP_r$ で表わす。$_nP_r$ は，次式で与えられる。

---
n 個から r 個とる順列の数 $_nP_r$

$$_nP_r = n \cdot (n-1) \cdots (n-r+1) = \frac{n!}{(n-r)!} \tag{1.1}$$

$$\text{ただし,} \quad n! = n \cdot (n-1) \cdots 3 \cdot 2 \cdot 1 \quad (1 \text{ から } n \text{ までの積})$$

$$0! = 1, \qquad _nP_0 = 1$$

考え方　相異なる n 個のもの $\{a_1,\ a_2,\ \cdots,\ a_n\}$ から r 個とって 1 列に並べる順列の数は，図 1 - 1 のような樹形図を描いてみるとわかりやすい。

$$n \cdot (n-1) \cdot (n-2) \cdots \{n-(r-1)\} \; (\text{通り})$$

$$\therefore \quad _nP_r = n \cdot (n-1) \cdots (n-r+1)$$

$$= \frac{n \cdot (n-1) \cdots (n-r+1) \cdot (n-r) \cdots 3 \cdot 2 \cdot 1}{(n-r) \cdots 3 \cdot 2 \cdot 1} = \frac{n!}{(n-r)!}$$

ただし，$n!$ は，n の**階乗**といい，1 から n までの自然数の積を表わす。上式が $n = r$，$r = 0$ のときにも成り立つように，$\boldsymbol{0! = 1}$，$_nP_0 = 1$ とする。

（終）

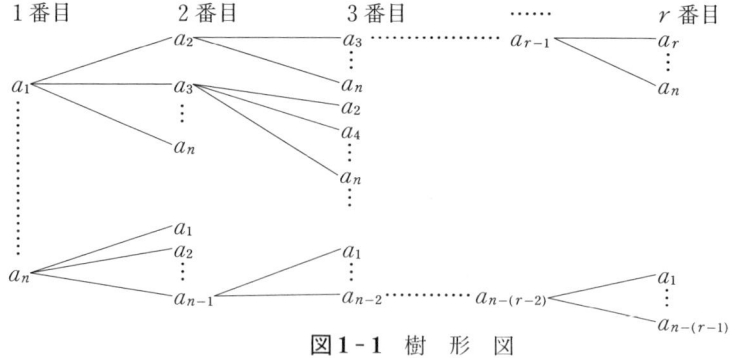

図1-1 樹形図

例1.1 トランプのカード52枚から1枚ずつとって，5枚並べる順列は，何通りあるか答えよ。

解 相異なる52枚から5枚並べる順列の数だから(1.1)より，
$$_{52}P_5 = 52 \cdot 51 \cdot 50 \cdot 49 \cdot 48 = 311875200 \,(通り)$$
(終)

例1.2 A，B，C，D，E，F，Gの7人が1列に並ぶ場合，次の問に答えよ。
(1) A，Bが隣り合う場合は，何通りあるか。
(2) C，Dが両端にくる場合は，何通りあるか。
(3) AはBよりも右にいて，かつFがGよりも左にいる並び方は何通りあるか。

解
(1) 隣り合うA，B 2人を1組と考えると，相異なる6個を1列に並べる場合の数になり，そのそれぞれについて，A，B 2人の並び方は2通りだから，$2 \cdot 6! = 1440$（通り）
(2) 両端のC，Dを固定すると，間に5人の並ぶ並び方は$5!$，そのそれぞれについて，両端の並び方は2通りだから，$2 \cdot 5! = 240$（通り）
(3) AはBよりも右にいるか左にいるかの2通りで，その場合の数は等しいからAはBよりも右にいる並び方は$7! \div 2$，このとき，FがGよりも左にいる並び方は同様に考えて，

$$\frac{7!}{2\cdot 2} = 1260 \;(通り)$$
(終)

次に，相異なる n 個のものから重複を許して r 個とって並べる順列の数を考える。この順列を**重複順列**といい，その数を，$_n\Pi_r$ で表わす。$_n\Pi_r$ は，次式で与えられる。

--- **重複順列の数** ---
$$_n\Pi_r = n^r \tag{1.2}$$

考え方 相異なる n 個のもの $\{a_1, a_2, \cdots, a_n\}$ から，重複を許して r 個とって1列に並べる順列の数は，何番目も n 通りずつとれるから
$$_n\Pi_r = n^r$$
(終)

例 1.3 候補者が3人，選挙人が8人いる記名投票で1人1票を投票するとき，その結果は何通りあるか。

解 選挙人8人それぞれが，3通りの投票ができるから，
$$3^8 = 6561 \;(通り)$$
(終)

また，n 個の中で同じものが p 個，q 個，r 個，…ずつあるとき，n 個の順列の数は，例1.4と同様に考えて，次式で与えられる。

--- **n 個の中で同じものが $p, q, r, \cdots$ 個ずつあるときの n 個の順列の数** ---
$$\frac{n!}{p!\,q!\,r!\cdots} \quad (n = p+q+r+\cdots) \tag{1.3}$$

例 1.4 statistics の10個の文字を全部用いて，1列に並べる場合の数は全部で何通りか。

解 10個の文字が全部異なるとすると $s_1 t_1 a t_2 i_1 s_2 t_3 i_2 c s_3$ の1列に並べる並べ方は $10!$ 通りである。s_1, s_2, s_3 は全部同じ s だから，$s_1 s_2 s_3$ の並べ方の数 $3!$ だけ重複して数えていることになる。t_1, t_2, t_3 や i_1, i_2 についても同様だから，求める場合の数は

§1 順列・組合せ

$$\frac{10!}{3!3!2!} = 50400 \text{ (通り)} \tag{終}$$

2 — 組 合 せ

相異なる n 個のもののなかから，並べ方を問題にしないで，r 個とる取出し方を **n 個から r 個とる組合せ**といい，その組合せの数を $_nC_r$ で表わす。$_nC_r$ は，次式で与えられる。

---
n 個から r 個とる組合せの数 $_nC_r$

$$\binom{n}{r} = {}_nC_r = \frac{{}_nP_r}{r!} = \frac{n \cdot (n-1) \cdots (n-r+1)}{r(r-1) \cdots 3 \cdot 2 \cdot 1} = \frac{n!}{r!(n-r)!} \tag{1.4}$$

ただし，$_nC_0 = 1$

考え方 $\{a, b, c, d, e\}$ から 3 個とる組合せを考える。$\{a, b, c, d, e\}$ から 3 個とって並べる順列は $_5P_3$，これは，$\{a, b, c, d, e\}$ から 3 個とる組合せそれぞれに，3 個の並べ方 $_3P_3 = 3!$ を考えるということと同じだから

$$_5P_3 = {}_5C_3 \cdot 3!$$

$$\therefore \quad _5C_3 = \frac{{}_5P_3}{3!}$$

同様に考えて，

$$\binom{n}{r} = {}_nC_r = \frac{{}_nP_r}{r!} = \frac{n \cdot (n-1) \cdots (n-r+1)}{r(r-1) \cdots 3 \cdot 2 \cdot 1} = \frac{n!}{r!(n-r)!}$$

(終)

例 1.5 トランプのポーカーの「手」(ジョーカーを除く 52 枚のトランプをよく切って 5 枚選ぶ) について次の各場合の組合せの数は，何通りあるか求めよ。

(1) 起こり得るすべての場合

(2) フルハウス（3枚，2枚の同点数）

解
(1) 52枚から5枚とる組合せの数だから，$_{52}C_5 = 2598960$（通り）
(2) 3枚の同点数の数字の選び方は13通りでマークの選び方は $_4C_3$，そのそれぞれについて2枚の同点数の数字の選び方は12通りでマークの選び方は $_4C_2$ だから，
$$13 \cdot 12 \cdot {}_4C_3 \cdot {}_4C_2 = 3744 \text{（通り）}$$
（終）

例 1.6 4本の平行線と，それらに交わり互いに平行な7本の直線とがある。これらの平行線によって囲まれる平行四辺形は全部で何個あるか。

解 平行四辺形は2組の平行線で囲まれる四角形だから，4本の平行線から2本，それらに交わり互いに平行な7本の直線から2本選ぶ選び方を考えればよい。よって，平行四辺形の数は
$$_4C_2 \cdot {}_7C_2 = \frac{4 \cdot 3}{2 \cdot 1} \cdot \frac{7 \cdot 6}{2 \cdot 1} = 126 \text{（個）}$$
（終）

3 ── 和を表わす記号 Σ，電卓使用法

ある性質をもつ成分 $a_k (k = 1, 2, \cdots, n)$ の和 $a_1 + a_2 + a_3 + \cdots\cdots + a_n$ を表わすのに，記号 Σ（**シグマ，summation**）を用いて次のように表わす。

$$\sum_{k=1}^{n} a_k = a_1 + a_2 + a_3 + \cdots + a_n \tag{1.5}$$

これは，a_k の k に $1, 2, 3, \cdots, n$ とおいたものを加えるという意味である。

例 1.7

(1) $\displaystyle\sum_{k=1}^{5} k = 1 + 2 + 3 + 4 + 5, \quad \sum_{k=1}^{n} (2k-1) = 1 + 3 + 5 + \cdots + (2n-1)$

§1 順列・組合せ

(2) $\sum_{k=1}^{n} kp_k = p_1 + 2p_2 + 3p_3 + \cdots + np_n = \sum_{k=1}^{n+1}(k-1)p_{k-1}$ （終）

Σ には，次の性質がある。

Σ の性質

(1) $\sum_{i=1}^{n} a_i = \sum_{j=1}^{n} a_j = \sum_{k=1}^{n} a_k$ （添字に無関係） (1.6)

(2) $\sum_{k=1}^{n}(a_k + b_k) = \sum_{k=1}^{n} a_k + \sum_{k=1}^{n} b_k$ (1.7)

(3) $\sum_{k=1}^{n} ca_k = c\sum_{k=1}^{n} a_k$ (1.8)

(4) $\sum_{k=1}^{n} c = cn, \quad \sum_{k=1}^{n} 1 = n$ (1.9)

証明

(1) いずれも $a_1 + a_2 + a_3 + \cdots + a_n$

(2) $\sum_{k=1}^{n}(a_k + b_k) = (a_1 + b_1) + (a_2 + b_2) + \cdots + (a_n + b_n)$

$= (a_1 + a_2 + \cdots + a_n) + (b_1 + b_2 + \cdots + b_n)$

$= \sum_{k=1}^{n} a_k + \sum_{k=1}^{n} b_k$

(3) $\sum_{k=1}^{n} ca_k = ca_1 + ca_2 + ca_3 + \cdots + ca_n$

$= c(a_1 + a_2 + \cdots + a_n) = c\sum_{k=1}^{n} a_k$

(4) $\sum_{k=1}^{n} c = \underbrace{c + c + c + \cdots + c}_{n \text{ 個}} = nc$

特に $c = 1$ のとき $\sum_{k=1}^{n} 1 = n$ （終）

Σ の計算には，電卓を使用すると便利である。次に，電卓の簡単な使用法を説明する（ EC は，電卓使用法を表わす）。

$\boxed{\text{M+}}$：memory plus （足し算を記憶する）

$\boxed{\text{M−}}$：memory minus （引き算を記憶する）

$\boxed{\text{MR}}$：memory result （記憶した計算結果を求める，記憶した数値を呼び戻す）

M の消し方： $\boxed{\text{M}-}$ または $\boxed{\text{MC}}$ を押す

$\boxed{\text{MC}}$：memory clear （記憶を消す） $\boxed{\text{C}}$：clear

$\boxed{\text{AC}}$：all clear （すべてを消して，新しい計算に入る）

$\boxed{\text{CE}}$：correct error （押し間違えを消して訂正するのに使う）

$\boxed{\times}$：平方を求めるときに使う　　　　　　　　$\boxed{\text{EC}}$：a $\boxed{\times}$ $\boxed{=}$
$\qquad a \times a = a^2$ $\qquad\qquad\qquad\qquad\qquad\qquad\qquad a^2$

例 1.8

(1) $1.2^2 - 3.14 + 2.1^2 - 0.3^2 + 5^3 = 127.62$

$\boxed{\text{EC}}$：1.2 $\boxed{\times}$ $\boxed{\text{M}+}$ 3.14 $\boxed{\text{M}-}$ 2.1 $\boxed{\times}$ $\boxed{\text{M}+}$ 0.3 $\boxed{\times}$ $\boxed{\text{M}-}$ 5 $\boxed{\times}$ $\boxed{=}$
$\qquad\qquad\qquad\quad$ 1.44 $\qquad\qquad\qquad$ 4.41 $\qquad\qquad\qquad$ 0.09

$\boxed{\times}$ 5 $\boxed{\text{M}+}$ $\boxed{\text{MR}}$
$\quad$ 1.25　127.62

(2) $(\sqrt{4.2} - 3.2 + 1.2^2 + \sqrt{5}) \div 6 = 0.4209096$

$\boxed{\text{EC}}$：4.2 $\boxed{\sqrt{}}$ $\boxed{\text{M}+}$ 3.2 $\boxed{\text{M}-}$ 1.2 $\boxed{\times}$ $\boxed{\text{M}+}$ 5 $\boxed{\sqrt{}}$ $\boxed{\text{M}+}$ $\boxed{\text{MR}}$ $\boxed{\text{MC}}$
$\qquad\qquad\qquad\qquad\qquad\qquad\qquad\qquad\qquad\qquad\qquad\quad$ 2.525458

$\boxed{\div}$ 6 $\boxed{=}$
$\qquad$ 0.4209096

(3) $(4.2^2 - 3.14 + 1.2) \div \sqrt{6} = 6.4094982$

$\boxed{\text{EC}}$：6 $\boxed{\sqrt{}}$ $\boxed{\text{M}+}$ 4.2 $\boxed{\times}$ $\boxed{=}$ $\boxed{-}$ 3.14 $\boxed{+}$ 1.2 $\boxed{=}$ $\boxed{\div}$ $\boxed{\text{MR}}$
$\qquad\quad$ 2.4494897 $\qquad\qquad\qquad\qquad\qquad\qquad\qquad$ 15.7

$\boxed{=}$
6.4094982

割り算は先に割る数（分母）を計算してそれを $\boxed{\text{M}+}$ に入れてすると便利な場合がある。このとき，分子の計算には M キーは使わないようにする。

§1　順列・組合せ

4 ── 二項定理と二項係数 $_nC_r$(組合せの数)の性質

── 二項定理 ──

$$(a+b)^n = \sum_{r=0}^{n} {}_nC_r a^{n-r} b^r \tag{1.10}$$
$$= {}_nC_0 a^n + {}_nC_1 a^{n-1}b + \cdots + {}_nC_r a^{n-r} b^r + \cdots + {}_nC_n b^n$$

考え方 一般に $(a+b)^n$ の展開式は次のように求められる。

$$(a+b)^n = \overbrace{(a+b)(a+b)\cdots(a+b)}^{n\text{個}} \tag{1.11}$$

項は, $a^n,\ a^{n-1}b,\ a^{n-2}b^2,\ \cdots,\ a^{n-r}b^r,\ \cdots,\ ab^{n-1},\ b^n$ の $(n+1)$ 種類, 各項の係数は, 次のように求められる。

a^n の係数 ………(1.11)の右辺の n 個の因数 $(a+b)$ の中から, 0 個だけ b をとる組合せの数だけあるから ${}_nC_0 = 1$

$a^{n-1}b$ の係数 ……(1.11)の右辺の n 個の因数 $(a+b)$ の中から, 1 個だけ b をとる組合せの数だけあるから ${}_nC_1 = n$

……………………………………………

$a^{n-r}b^r$ の係数 …(1.11)の右辺の n 個の因数 $(a+b)$ の中から, r 個だけ b をとる組合せの数だけあるから ${}_nC_r$

……………………………………………

b^n の係数 ………(1.11)の右辺の n 個の因数 $(a+b)$ の中から, n 個全部 b をとる組合せの数だけあるから ${}_nC_n = 1$

ゆえに,

$$(a+b)^n = \sum_{r=0}^{n} {}_nC_r a^{n-r} b^r \quad \text{(二項定理)}$$
$$= {}_nC_0 a^n + \cdots + {}_nC_r a^{n-r} b^r + \cdots + {}_nC_n b^n \quad \text{(終)}$$

組合せの数 ${}_nC_r$ は, $(a+b)^n$ の展開式の係数を表わすので**二項係数**ともいう。二項係数 ${}_nC_r$ には, 次の性質がある。

二項係数 $_nC_r$（組合せの数）の性質

$$_nC_r = {}_nC_{n-r} \quad (0 \leq r \leq n), \quad {}_nC_0 = {}_nC_n = 1 \tag{1.12}$$

$$r \cdot {}_nC_r = n \cdot {}_{n-1}C_{r-1} \quad (1 \leq r \leq n) \tag{1.13}$$

$$r(r-1) \cdot {}_nC_r = n(n-1) \cdot {}_{n-2}C_{r-2} \quad (2 \leq r \leq n) \tag{1.14}$$

$${}_{n-1}C_{r-1} + {}_{n-1}C_r = {}_nC_r \quad (1 \leq r \leq n-1) \tag{1.15}$$

$${}_nC_1 = n, \quad {}_nC_2 = \frac{n(n-1)}{2}, \quad {}_nC_3 = \frac{n(n-1)(n-2)}{6} \tag{1.16}$$

証明 (1.12) と (1.16) は，(1.4) から明らか。(1.13)～(1.15) を示す。

$$r \cdot {}_nC_r = r \cdot \frac{n!}{r!(n-r)!} = \frac{n \cdot (n-1)!}{(r-1)!(n-r)!} = n \cdot {}_{n-1}C_{r-1}$$

$$r(r-1) \cdot {}_nC_r = r(r-1) \cdot \frac{n!}{r!(n-r)!} = \frac{n(n-1) \cdot (n-2)!}{(r-2)!(n-r)!}$$

$$= n(n-1) \cdot {}_{n-2}C_{r-2}$$

$${}_{n-1}C_{r-1} + {}_{n-1}C_r = \frac{(n-1)!}{(r-1)!(n-r)!} + \frac{(n-1)!}{r!(n-1-r)!}$$

$$= \frac{(n-1)!(r+n-r)}{r!(n-r)!} = {}_nC_r \qquad \text{(終)}$$

例 1.9 $q = 1 - p$ のとき，次式が成り立つことを示せ。

$$q^n + {}_nC_1 q^{n-1} p + \cdots\cdots + {}_nC_r q^{n-r} p^r + \cdots\cdots + p^n = 1 \tag{1.17}$$

解 (1.10) で，$a = q$, $b = p$ とおくと，(1.12) より，

$$(q+p)^n = q^n + {}_nC_1 q^{n-1} p + \cdots + {}_nC_r q^{n-r} p^r + \cdots + p^n$$

また，$q = 1 - p$ より $p + q = 1$ だから，(1.17) が成り立つ。 （終）

§1 順列・組合せ

5 ── パスカルの数三角形

二項係数だけを取り出すと，図1-2のようになる。これを，**パスカルの数三角形**という。

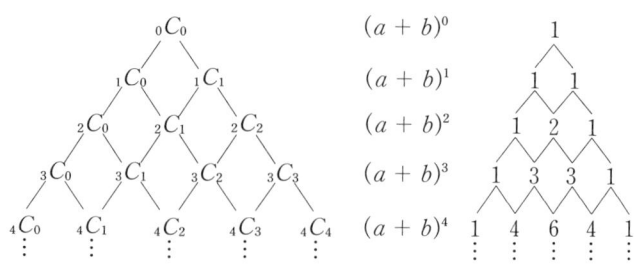

図 1-2 パスカルの数三角形

パスカルの数三角形は(1.12), (1.15)より，次の性質をもつ。
(1) 各行の中央に関して左右対称である。
(2) 各数はその左上と右上の数の和に等しい。

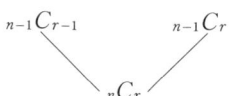

例 1.10 $11^n (0 \leq n \leq 4)$ を考える。 $11^0 = 1$
$11^1 = 11$
$11^2 = 121$
$11^3 = 1331$
$11^4 = 14641$

例 1.11

(1) $_nC_0 + {_nC_1} + {_nC_2} + \cdots\cdots + {_nC_r} + \cdots\cdots + {_nC_n} = 2^n$
  (1.10)で，$a = 1$, $b = 1$ とおけばよい。

(2) $_nC_0 - {_nC_1} + {_nC_2} - \cdots\cdots + (-1)^r {_nC_r} + \cdots\cdots + (-1)^n {_nC_n} = 0$
  (1.10)で，$a = 1$, $b = -1$ とおけばよい。

例 1.12 シュバリエ・ド・メレ（フランスの貴族，賭博師）の問題

同じ技量をもつ A, B 2 人のプレイヤーが対戦し，先に 4 回勝ったほうが賭け金を全部もらえるとする．もし 2 人が勝負をしていて，A が 2 回勝ち B が 1 回勝った段階で，途中でゲームを中止せざるを得ないとき，賭け金総額をどのように分配すべきか．

この問題をパスカルは数三角形を使って次のように解いている（『統計学のはなし』）．

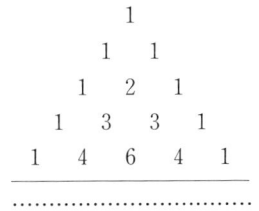

A はあと 2 回，B はあと 3 回勝てばよいから，A と B の不足数の合計は 5 である．このとき，5 行目を横にみていき，最初の 2 項の和 1+4=5 と，残りの 3 項の和 6+4+1=11 の比で，B と A に分配すればよい．すなわち，A に 11/16，B に 5/16 の割合で賭け金を分配すればよい．

練習問題 1

1. 12 個の数字 1, 1, 1, 2, 2, 2, 3, 3, 3, 4, 4, 4 のうち 4 個を用いて 4 桁の自然数をつくる．このような自然数は全部で何個できるか．

2. 9 人の学生を次のように分けるとき，分け方の場合の数を求めよ．
   (1) 4 人，3 人，2 人の 3 組に分ける．
   (2) 3 人ずつ 3 組に分けて，x, y, z の 3 台の車に乗せる．
   (3) 3 人ずつ 3 組に分ける（組を区別しない）．

3. 男子 8 人女子 7 人のグループで 5 人の委員を選出する．次の方法はそれぞれ何通りあるか．
   (1) 男子 3 人，女子 2 人を選ぶ．
   (2) 少なくとも 1 人の男子委員を含める．

4. トランプのポーカーの「手」について次の各場合の組合せの数は，何通りあるか求めよ．
   (1) フォーカード（4 枚の同点数）

(2) ツーペアー

(3) ワンペアー

5   $11^n (0 \leq n \leq 4)$ がパスカルの数三角形をつくる理由を示せ。また、パスカルの数三角形の 6 行目から 11^5 を求めよ。

6   例 1.12 のメレの分配の問題で、パスカルの数三角形が使える理由を示せ。また、次の場合の賭け金の分配方法を示せ。

同じ技量をもつ A, B 2 人のプレイヤーが賭けをし、7 回先に勝った方が賭け金を全部得ることにしたゲームで、A が 2 回、B が 5 回勝ったとき、途中でゲームを中止せざるを得なくなった。このとき、賭け金は、どのように分配したらよいか。

§2 確　率

1 ― 定　義

> 試　　行……同一条件のもとで繰り返すことができ結果が偶然に支配されるとみられる実験や観察
> 事　　象……試行の結果起こる事柄
> 根元事象……もうこれ以上分けることのできない事象
> 全 事 象……一つの試行で，根元事象の全体からなる事象

例2.1

試　　行……くじを引く，サイコロを投げる，ジョーカーを除く52枚のトランプをよく切って5枚選ぶ。

事　　象……当りくじを引く，1の目が出る，奇数の目が出る。

根元事象……1の目が出る，3の目が出る，5の目が出る。

根元事象でない例……偶数の目が出る，3以上の目が出る。　　　　（終）

事象を集合と考えて表わすと便利である。このとき，事象と集合との関係は，次のようになっている。

　　　　根元事象…要素　　　全事象…全体集合　　　事象…部分集合

全事象を U で表わすことにする。このとき，二つの事象 A, $B(\subset U)$ に対して $A \cap B$, $A \cup B$ は，それぞれ次の事象を表わす。さらに，A の余

事象 $\bar{A}$ と空事象 ϕ を次のように定義する。

> $A \cap B$ …… A, B がともに起こるという事象
> $A \cup B$ …… A, B の少なくとも一方が起こるという事象
> $\bar{A}$（A の余事象）…… A が起こらない事象
> ϕ（空事象）…… 決して起こることのない事象

例2.2 1個のサイコロを投げるとき，1, 2, …, 6 の目が出る事象を，1, 2, …, 6 で表わす。全事象を $U = \{1, 2, \cdots, 6\}$，偶数の目の出る事象を A，奇数の目の出る事象を B，3 の倍数の目の出る事象を C とする。このとき，

$A \cap B = \phi$, $A \cup B = U$, $A \cap C = \{6\}$, $B \cap C = \{3\}$,
$A \cup C = \{2, 3, 4, 6\}$, $B \cup C = \{1, 3, 5, 6\}$, $A = \bar{B}$, $B = \bar{A}$,
$\bar{C} = \{1, 2, 4, 5\}$
(終)

例2.3 トランプのポーカーの「手」について，次の事象の起こる場合の数を求めよ。

(1) A：ロイヤルストレートフラッシュ（同一マークの A, K, Q, J, 10）
(2) B：ストレートフラッシュ（同一マークの連続点数）
(3) C：フラッシュ（すべて同一マークで A, B を除く）

解

(1) 事象 A の起こる場合の数はマークの数だけあるから，4（通り）

(2) 事象 B の数字の組合せは $\{A, 2, 3, 4, 5\}$ から $\{9, 10, J, Q, K\}$ までの 9 通り，マークの数は 4 通りだから事象 B の起こる場合の数は，$4 \cdot 9 = 36$（通り）

(3) 事象 $A \cup B \cup C$ の起こる場合の数は，数字の組合せは $_{13}C_5$ 通り，マークの数は 4 通りだから，$4 \cdot _{13}C_5$ 通りである。よって，事象 C の起こる場合の数は，$4 \cdot _{13}C_5 - 4 - 36 = 5108$(通り)
(終)

一つの試行においてどの根元事象が起こることも，同じ程度に期待されるとき，**同様に確からしい**という。このとき，事象 A の起こる確率を次のように定義する。

事象 A の確率 $P(A)$

$$P(A) = \frac{n(A)}{n(U)} = \frac{(\text{事象 } A \text{ の起こる場合の数})}{(\text{起こりうるすべての場合の数})} \qquad (2.1)$$

$$0 \leq P(A) \leq 1, \quad P(\phi) = 0, \quad P(U) = 1 \qquad (2.2)$$

例 2.4 例 2.3 の事象の確率を求めよ。

解 例 1.5 より，起こりうるすべての場合の数は ${}_{52}C_5$，例 2.3 より事象 A, B, C の起こる場合の数はそれぞれ 4, 36, 5108 だから，その確率は

$$P(A) = \frac{4}{{}_{52}C_5} = 0.0000015 \qquad P(B) = \frac{36}{{}_{52}C_5} = 0.0000138$$

$$P(C) = \frac{5108}{{}_{52}C_5} = 0.0019654 \hfill (終)$$

2 — 確率の和の法則

二つの事象 A, B に対して，図 2-1 のベン図から事象の起こる場合を考える。事象 $A \cup B$ と事象 $A \cap B$，事象 A とその余事象 $\overline{A}$ については，次の定理が成り立つ。特に，$A \cap B = \phi$ のとき，すなわち，A が起これば

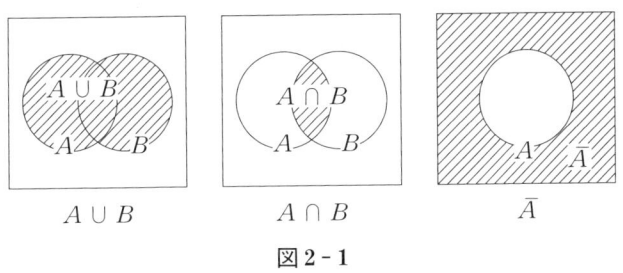

図 2-1

B は決して起こらないし、B が起これば A は決して起こらないとき、A と B は**排反事象**（互いに排反）であるという。

加法定理

$$P(A \cup B) = P(A) + P(B) - P(A \cap B) \tag{2.3}$$

特に、A と B が排反事象（互いに排反）のとき、

$$P(A \cup B) = P(A) + P(B) \tag{2.4}$$

余事象の定理

$$P(A) = 1 - P(\overline{A}) \tag{2.5}$$

証明 和の法則 $n(A \cup B) = n(A) + n(B) - n(A \cap B)$ より、

これを、すべての場合の数の総数 N で割ると、

$$P(A \cup B) = P(A) + P(B) - P(A \cap B)$$

特に、A と B が排反事象のとき、$A \cap B = \phi$ より、$P(A \cap B) = 0$

$$\therefore \quad P(A \cup B) = P(A) + P(B) \quad (A, B \text{ は排反})$$

また、事象 A とその余事象 $\overline{A}$ については $A \cup \overline{A} = U$、$A \cap \overline{A} = \phi$ だから

$$1 = P(U) = P(A \cup \overline{A}) = P(A) + P(\overline{A})$$

$$\therefore \quad P(A) = 1 - P(\overline{A}) \tag{終}$$

例2.5 サイコロを3回投げるとき、少なくとも1回、2の目の出る確率を求めよ。

解 A を少なくとも1回、2の目の出る事象とすると、$\overline{A}$ は、1回も2の目の出ない事象だから、

$$P(\overline{A}) = \frac{5 \times 5 \times 5}{6 \times 6 \times 6} = \frac{125}{216} = 0.5787$$

(2.5) より、

$$P(A) = 1 - P(\overline{A}) = 1 - \frac{125}{216} = 0.4213 \tag{終}$$

3 ── 確率の積の法則

2つの事象 A, B に対して，$P(A) > 0$ と仮定する．A が起こったという条件のもとで，B の起こる確率を $P_A(B)$ で表わし，A が起こったときの B の起こる**条件付き確率**という．このとき，次の乗法定理が成り立つ．特に，$P_A(B) = P(B)$ のとき，A と B は**互いに独立**（独立事象）であるという．また，A と B が独立でないとき，A と B は**従属**（従属事象）であるという．

乗法定理

$$P(A \cap B) = P(A) \cdot P_A(B) \qquad (2.6)$$

特に，A と B は互いに独立（独立事象）であるとき，

$$P(A \cap B) = P(A) \cdot P(B) \qquad (A, B: 独立事象) \qquad (2.7)$$

証明 $P_A(B)$ は，A に属する根元事象だけを考え，その中で B の起こる確率，すなわち，事象 A の中で，$A \cap B$ の起こる確率だから，

$$P_A(B) = \frac{n(A \cap B)}{n(A)}$$

一方，$P(A) = \dfrac{n(A)}{n(U)} \qquad P(A \cap B) = \dfrac{n(A \cap B)}{n(U)}$

ゆえに，$P(A \cap B) = P(A) \cdot P_A(B)$

特に，A と B が互いに独立であるとき，$P_A(B) = P(B)$ だから

$$P(A \cap B) = P(A) \cdot P(B)$$

(終)

例 2.6 サイコロを5回投げるとき，3回目にのみ2の目の出る確率を求めよ．

解 2の目の出る確率は $1/6$，2の目の出ない確率は $5/6$ で各回のそれぞれの起こる事象は独立だから (2.7) より求める確率は，

$$\frac{5}{6} \cdot \frac{5}{6} \cdot \frac{1}{6} \cdot \frac{5}{6} \cdot \frac{5}{6} = \frac{625}{7776}$$

(終)

4 — ベルヌイ試行

1回の試行で事象 A の起こる確率が p であるとき，この試行を何回も繰り返して行い，各回の結果が互いに独立のとき，この試行を**ベルヌイ試行**という（例：コイン投げ，サイコロ投げ）。

> **独立試行（ベルヌイ試行）の法則**
>
> 1回の試行で事象 A の起こる確率が p であるときに，この試行を n 回繰り返すとき，各回の試行が独立ならば，事象 A が r 回起こる確率は
>
> $$_nC_r p^r (1-p)^{n-r} \tag{2.8}$$

証明 n 回の試行で事象 A が r 回起こる場合の数は $_nC_r$

それぞれの場合について　　　　　　　　　　確率

n 回の試行 $\begin{cases} 事象 A が起こる\cdots\cdots\cdots r \text{ 回} &: p \\ 事象 A が起こらない\cdots (n-r) \text{ 回} &: (1-p) \end{cases}$

このとき各回の試行は独立だから，(2.7) より，その確率は，

$$p^r (1-p)^{n-r}$$

また，この $_nC_r$ 通りのどの場合も，互いに排反だから，(2.4) より求める確率は，

$$_nC_r p^r (1-p)^{n-r}$$

（終）

$q = 1 - p$ とおいて，事象 A が起こる回数が 0 回，1 回，2 回，… n 回のときの確率を求めると，

$$\underset{0回}{_nC_0 p^0 q^n},\ \underset{1回}{_nC_1 p^1 q^{n-1}},\ \underset{2回}{_nC_2 p^2 q^{n-2}},\ \cdots,\ \underset{n回}{_nC_n p^n q^0}$$

この和を求めると，(1.17) より，

$$_nC_0 p^0 q^n + {_nC_1} p^1 q^{n-1} + {_nC_2} p^2 q^{n-2} + \cdots + {_nC_n} p^n q^0 = 1$$

例2.7 1個のサイコロを5回投げるとき，少なくとも1回2の目の出る確率を求めよ。

解 余事象は，1回も2の目が出ない事象である。サイコロを1回投げたとき2の目の出る確率は $p=1/6$ だから，余事象の確率は(2.8)より，

$$_5C_0\left(\frac{1}{6}\right)^0\left(\frac{5}{6}\right)^{5-0}=\left(\frac{5}{6}\right)^5$$

ゆえに，(2.5)より求める確率は

$$1-\left(\frac{5}{6}\right)^5=0.598 \qquad (終)$$

例2.8 1枚の硬貨を5回投げるとき，次の確率を求めよ。
(1) 表が3回，裏が2回出る確率
(2) 表の出る回数が4回以下である確率

解 この試行は独立だから，1回の試行で表の出る事象を A とすると，

$$p=\frac{1}{2}$$

(1) 5回のうち3回事象 A の起こる確率を求めればよいから，(2.8)より

$$_5C_3\left(\frac{1}{2}\right)^3\left(\frac{1}{2}\right)^{5-3}=\frac{5}{16}$$

(2) 余事象は5回とも表の出る事象だから，(2.5)，(2.8)より

$$1-{_5C_5}\left(\frac{1}{2}\right)^5=1-\frac{1}{32}=0.96876 \qquad (終)$$

5 ── メレの賭けの臨界値

この章の最後に，近代確率論の先駆けとなったパスカル(1623-1662)とフェルマー(1601-1665)との間で交換された往復書簡の中の，シュバリエ・ド・メレ(フランスの貴族，賭博師)の持ち込んだ問題の賭けの有利になる回数の臨界値を求める式を考える。メレは，パスカルに次のような相談をした。
「1個のサイコロで6の目を少なくとも1回出そうとするとき，4回投げれ

ば671：625の割合で有利になるのに，2個のサイコロでダブル6（2個のサイコロとも6）を少なくとも1回出そうとすれば24回投げても不利になるのはなぜか。4と24の比は，6（1個のサイコロを投げるとき出る目の可能な場合の数）と36（2個のサイコロを投げるとき出る目の可能な場合の数）の比に等しいから，24回で有利な賭けになるはずではないか」(『統計学のはなし』)。

ここでは，1回のベルヌイ試行である事象が起こる確率をpとしたとき，n回の試行で少なくとも1回その事象が起こる確率が1/2以上である最小のnの値を求める。このnが，**メレの賭けの臨界値**である。

メレの賭けの臨界値

1回のベルヌイ試行である事象が起こる確率をpとしたとき，n回の試行で少なくとも1回その事象が起こる確率が1/2以上である最小のnの値は，次式を満たす。

$$n \geqq -\frac{\log_{10} 2}{\log_{10}(1-p)} \tag{2.9}$$

証明 n回の試行で，その事象が1度も起こらない確率は，$(1-p)^n$である。(2.5)から，n回の試行で少なくとも1回その事象の起こる確率は

$$1-(1-p)^n$$

臨界値は $1-(1-p)^n \geqq \dfrac{1}{2}$

を満たす最小のnである。ゆえに，

$$(1-p)^n \leqq \frac{1}{2}$$

両辺の対数をとると，

$$\log_{10}(1-p)^n \leqq \log_{10}\frac{1}{2} \quad (=\log_{10} 2^{-1} = -\log_{10} 2)$$

$$n \log_{10}(1-p) \leqq -\log_{10} 2$$

$\log_{10}(1-p) < 0$ だから，

$$n \geqq -\frac{\log_{10} 2}{\log_{10}(1-p)} \tag{終}$$

例 2.9 (メレの最初の賭けの臨界値)　1 個のサイコロを投げるとき 6 の目を少なくとも 1 回出そうとするとき，何回投げることにすれば有利な賭けになるか．

解　1 回の試行でこの事象が起こる確率は 1 / 6 だから，(2.9) より，

$$n \geqq -\frac{\log_{10} 2}{\log_{10}\left(1 - \dfrac{1}{6}\right)} = \frac{\log_{10} 2}{\log_{10} 6 - \log_{10} 5} = \frac{0.30103}{0.07918} = 3.8$$

ゆえに，$n = 4$ が臨界値である．4 回投げることにすればよい．　　　　(終)

――――――― 参考：指数・対数 ―――――――

(1) **指数法則**
　a, b を正の数，p, q を任意の実数とするとき，
　　$a^0 = 1,$　　　$a^1 = a,$　　　$a^p a^q = a^{p+q}$
　　$(a^p)^q = a^{pq},$　　$a^{-p} = \dfrac{1}{a^p},$　　$(ab)^p = a^p b^p$

(2) **指数と対数の関係**
　$a > 0,\ a \neq 1,\ b > 0$ であるとき，
　　$a^r = b \iff r = \log_a b$
　$\log_a b$ を a を底とする対数という．特に，$a = 10$ のとき**常用対数**，$a = e$ のとき**自然対数**という．自然対数は底を略して $\log b$ とかく．

(3) **対数法則**
　$M > 0,\ N > 0,\ a > 0,\ a \neq 1$ であるとき，
　　$\log_a 1 = 0,$　　$\log_a a = 1,$　　$\log_a (MN) = \log_a M + \log_a N$
　　$\log_a \dfrac{M}{N} = \log_a M - \log_a N,$　　$\log_a (M^r) = r \log_a M$

練習問題 2

[1]　2 個のサイコロを投げるとき，目の数の和が 6 になる確率を求めよ．

[2]　シュバリエ・ド・メレの問題 I
　次の(1), (2)の確率を求め，(1)のほうが有利なことを示せ．
　(1)　1 個のサイコロを 4 回投げるとき，少なくとも 1 回 6 の目の出る確率
　(2)　2 個のサイコロを同時に投げる試行を 24 回繰り返したとき，少なくとも 1 回ダブル 6 の出る確率

(3) 2個のサイコロを同時に投げるときダブル6の目を少なくとも1回出そうとするとき，何回投げることにすればメレに有利な賭けになるか。

3 シュバリエ・ド・メレの問題II（賭けを途中でやめるときの分配方法）
次の場合の賭け金の分配方法を，2人の勝つ確率を求めることによって示せ。

A，B 2人が賭けをし6回先に勝った方が賭け金を全部得ることにしたゲームで，Aが3回，B 2回勝ったとき，途中でゲームを中止せざるを得なくなった。このとき，賭け金は，どのように分配したらよいか。ただし，1回のゲームで2人の勝つ確率はそれぞれ1/2とする。

4 トランプのポーカーの「手」について次の各場合の確率を求めよ。
  (1) フォーカード（4枚の同点数）
  (2) フルハウス（2枚，3枚の同点数）
  (3) ストレート（連続点数）
  (4) スリーカード（3枚同点数）
  (5) ツーペアー
  (6) ワンペア
  (7) ノーペアー

5 3個のサイコロを投げて目の和が9になる場合と10になる場合は，下記のように，いずれも6通りしかない。このとき，この2つの場合の起こる確率は等しいといえないことを，その確率を求めて示せ。

1 2 6	1 3 5	1 3 6	1 4 5
1 4 4	2 2 5	2 2 6	2 3 5
2 3 4	3 3 3	2 4 4	3 3 4

§3 確率変数と平均・分散

1 — 確 率 分 布

いろいろな試行や種々の観察・現象について，すべての場合をとりあげて，各場合の確率を，総括的に考える必要のあることがある。このとき，ある偶然的な変化をする量 X のとる値おのおのに対応してその確率が定まるとき，X を **確率変数（変量）** という。

離散型確率変数・確率分布

確率変数 X が異なる可算個の値 $x_1,\ x_2,\ \cdots,\ x_n,\ \cdots$ をとるとき，X を離散型確率変数であるという。

確率変数 X と $X = x_k$ のときの確率 p_k の関係を確率分布という。

$$P(X = x_k) = p_k$$

この確率分布を表で表わしたものを確率分布表という。

表 3-1 確率分布表

X	x_1	x_2	$\cdots$	x_k	$\cdots$
$P(X = x_k)$	p_1	p_2	$\cdots$	p_k	$\cdots$

$$\sum_{k=1}^{\infty} p_k = p_1 + p_2 + \cdots + p_k + \cdots = 1 \tag{3.1}$$

例3.1 1個のサイコロを投げて出た目の数を確率変数としたときの確率分布表を求めよ。

解 目の出方は 6 通りで，いずれも同じ程度に期待されるから

表 3-2

X	1	2	3	4	5	6
$P(X)$	$\frac{1}{6}$	$\frac{1}{6}$	$\frac{1}{6}$	$\frac{1}{6}$	$\frac{1}{6}$	$\frac{1}{6}$

(終)

例 3.2 4 枚の硬貨を投げて表の出た枚数を確率変数としたときの確率分布表を求めよ。

解 表を○，裏を×で表わすと，表裏の出方は次の 16 通りでそれぞれ同じ程度に期待されるから確率分布表は下の表のようになる。

××××
○×××　×○××　××○×　×××○
○○××　○×○×　×○○×　○××○　×○×○　××○○
○○○×　○○×○　○×○○　×○○○
○○○○

$$P(X = k) = {}_4C_k \left(\frac{1}{2}\right)^k \left(\frac{1}{2}\right)^{4-k} = \frac{{}_4C_k}{16} \quad (k = 0,\ 1,\ 2,\ 3,\ 4)$$

表 3-3

表の出る枚数 X	0	1	2	3	4
確率 $P(X)$	$\frac{1}{16}$	$\frac{4}{16}$	$\frac{6}{16}$	$\frac{4}{16}$	$\frac{1}{16}$

(終)

連続型確率変数・確率密度関数

確率変数 X のとる値が連続的に変化するとき X を連続型確率変数であるという。確率変数 X のとる値が a 以上 b 以下であるという事象に対する確率が関数 $f(x)$ によって

$$P(a \leqq X \leqq b) = \int_a^b f(x)dx \tag{3.2}$$

$$\text{ただし，} f(x) \geqq 0, \quad \int_{-\infty}^{\infty} f(x)dx = 1 \tag{3.3}$$

と表わされる場合，関数 $f(x)$ を，X の確率密度関数といい，X は連続型の確率分布をもつという。

2 — 平　　均

ここでは，離散型確率変数 X は有限個の場合を考える．無限可算個の場合も同様に定義できる．

確率変数 X の**平均**（**期待値**）を，次の式で定義し，$E(X)$ で表わす（X が金額のときは**期待金額**という）．

平均（期待値）

$$E(X) = m = \begin{cases} \sum_{k=1}^{n} x_k p_k = x_1 p_1 + x_2 p_2 + \cdots + x_n p_n & \text{（離散型）} \\ \int_{-\infty}^{\infty} x f(x) dx & \text{（連続型）} \end{cases} \quad (3.4)$$

例 3.3 例 3.2 の平均を (3.4) より求めよ．

解 表 3-3 と (3.4) より，

$$E(X) = 0 \cdot \frac{1}{16} + 1 \cdot \frac{4}{16} + 2 \cdot \frac{6}{16} + 3 \cdot \frac{4}{16} + 4 \cdot \frac{1}{16} = \frac{32}{16} = 2 \quad \text{（終）}$$

確率変数の一次式の平均（期待値）

a, b が定数のとき，確率変数 $aX + b$ の平均は次のようになる．
$$E(aX + b) = aE(X) + b \quad (3.5)$$

証明
$$E(aX+b) = \sum_{k=1}^{n}(ax_k+b)p_k = a\sum_{k=1}^{n}x_k p_k + b\sum_{k=1}^{n}p_k$$
$$= aE(X) + b \quad \left(\because \sum_{k=1}^{n} p_k = 1\right) \quad \text{（終）}$$

次に，二つの確率変数 X, Y について，和 $X + Y$ の平均を考える．

X と Y は，お互いに確率変数の分布が，他方の確率変数がとる値に影響されないとき，**独立**であるという．

§3 確率変数と平均・分散

確率変数の和と積の平均（期待値）

X, Y を，それぞれ次表の確率分布をもつ 2 つの確率変数とする．

表 3-4

X	x_1	x_2	……	x_m
$P(X)$	p_1	p_2	……	p_m

表 3-5

Y	y_1	y_2	……	y_n
$P(Y)$	p_1'	p_2'	……	p_n'

このとき，和 $X + Y$ も確率変数になり，次式が成り立つ．

$$E(X + Y) = E(X) + E(Y) \tag{3.6}$$

同様に，n 個の確率変数 X_1, X_2, $\cdots$, X_n の和 $X_1 + X_2 + \cdots + X_n$ についても次式が成り立つ．

$$E(X_1 + X_2 + \cdots + X_n) = E(X_1) + E(X_2) + \cdots + E(X_n) \tag{3.7}$$

また，積 XY も確率変数になり，X と Y が独立のとき，次式が成り立つ．

$$E(XY) = E(X) \cdot E(Y) \tag{3.8}$$

証明 $m = 2$, $n = 3$ の場合について示す．このとき $E(X)$, $E(Y)$ は，

$$E(X) = x_1 p_1 + x_2 p_2$$

$$E(Y) = y_1 p_1' + y_2 p_2' + y_3 p_3'$$

確率変数 $X + Y$ のとりうる値は，

$$x_1 + y_1, \ x_1 + y_2, \ x_1 + y_3, \ x_2 + y_1, \ x_2 + y_2, \ x_2 + y_3$$

になり，その確率をそれぞれ

$$p_{11}, \quad p_{12}, \quad p_{13}, \quad p_{21}, \quad p_{22}, \quad p_{23}$$

とすると，$E(X + Y)$ は，次式で表わされる．

$$\begin{aligned}
E(X + Y) &= (x_1 + y_1) p_{11} + (x_1 + y_2) p_{12} + (x_1 + y_3) p_{13} \\
&\quad + (x_2 + y_1) p_{21} + (x_2 + y_2) p_{22} + (x_2 + y_3) p_{23} \\
&= (p_{11} + p_{12} + p_{13}) x_1 + (p_{21} + p_{22} + p_{23}) x_2 \\
&\quad + (p_{11} + p_{21}) y_1 + (p_{12} + p_{22}) y_2 + (p_{13} + p_{23}) y_3
\end{aligned}$$

一方 p_i, p_j', $p_{ij}(i = 1, 2 ; j = 1, 2, 3)$ の間には次の関係が成り立つ．

$$p_i = p_{i1} + p_{i2} + p_{i3}, \qquad p_j' = p_{1j} + p_{2j}$$

ゆえに，　$E(X+Y) = x_1 p_1 + x_2 p_2 + y_1 p_1' + y_2 p_2' + y_3 p_3'$
$$= E(X) + E(Y)$$

また，確率変数 XY のとりうる値は，

$$x_1 y_1, \quad x_1 y_2, \quad x_1 y_3, \quad x_2 y_1, \quad x_2 y_2, \quad x_2 y_3$$

その確率は，X と Y が独立だから

$$p_1 p_1', \quad p_1 p_2', \quad p_1 p_3', \quad p_2 p_1', \quad p_2 p_2', \quad p_2 p_3'$$

よって，　$E(XY) = x_1 y_1 p_1 p_1' + x_1 y_2 p_1 p_2' + x_1 y_3 p_1 p_3'$
$$\qquad + x_2 y_1 p_2 p_1' + x_2 y_2 p_2 p_2' + x_2 y_3 p_2 p_3'$$
$$= (x_1 p_1 + x_2 p_2)(y_1 p_1' + y_2 p_2' + y_3 p_3')$$
$$= E(X) E(Y)$$

一般の場合も，同様にして成り立つ。　　　　　　　　　　　　　　(終)

例3.4　例 3.2 の平均を (3.7) より求めよ。

解　$X_i (i = 1, 2, 3, 4)$ を，4 枚の硬貨それぞれの表の出た枚数を表わす確率変数とする。X_i のとる値はいずれも 0 と 1 でその確率はどちらも 1/2 だから，その平均は，

$$E(X_i) = 0 \cdot \frac{1}{2} + 1 \cdot \frac{1}{2} = \frac{1}{2} \qquad (i = 1, 2, 3, 4)$$

X は，$X_i (i = 1, 2, 3, 4)$ の和だから，
$$E(X) = E(X_1 + X_2 + X_3 + X_4)$$
$$= E(X_1) + E(X_2) + E(X_3) + E(X_4)$$
$$= \frac{1}{2} + \frac{1}{2} + \frac{1}{2} + \frac{1}{2} = 2 \qquad \text{(終)}$$

3 — 分散・標準偏差

X が確率変数のとき，$(X-m)^2$ も 1 つの確率変数と考えられる。$(X-m)^2$ を確率変数と考えたときの平均 $E\{(X-m)^2\}$ を，X の**分散**といい，$V(X)$ で表わす。また，分散の正の平方根を X の**標準偏差** $\sigma(X)$ という。

--- 分散 $V(X)$・標準偏差 $\sigma(X)$ ---

$$V(X) = E\{(X-m)^2\} = \begin{cases} \sum_{k=1}^{n}(x_k-m)^2 p_k & \text{(離散型)} \\ \int_{-\infty}^{\infty}(x-m)^2 f(x)dx & \text{(連続型)} \end{cases} \quad (3.9)$$

$$\sigma(X) = \sqrt{V(X)} \quad (3.10)$$

分散，標準偏差については，次のような簡便計算法がある。

--- 分散，標準偏差の簡便計算法 ---

$$V(X) = E(X^2) - E(X)^2 \quad (3.11)$$

$$\sigma(X) = \sqrt{E(X^2) - E(X)^2} \quad (3.12)$$

証明 $V(X) = E\{(X-m)^2\} = E(X^2 - 2mX + m^2)$
$= E(X^2) - 2mE(X) + m^2 = E(X^2) - E(X)^2$
$(\because \ m = E(X))$

$\sigma(X) = \sqrt{V(X)} = \sqrt{E(X^2) - E(X)^2}$ （終）

例 3.5 例 3.2 の分散と標準偏差を (3.11)，(3.10) より求めよ。

解 例 3.2 の確率分布表より，

$$E(X^2) = 0^2 \cdot \frac{1}{16} + 1^2 \frac{4}{16} + 2^2 \frac{6}{16} + 3^2 \frac{4}{16} + 4^2 \frac{1}{16} = \frac{80}{16} = 5$$

例 3.3 より，

$$E(X) = 2$$

ゆえに，(3.11)，(3.10) より

$$V(X) = 5 - 2^2 = 1, \qquad \sigma(X) = 1 \qquad \text{(終)}$$

例3.6 表3-6の宝くじの期待金額（平均値）と標準偏差を求めよ。ただし，この宝くじは，100,000番から199,999番までの10万枚を1組として，01組から50組までの500万枚5億円を売出し，完売しているとする。

表3-6

等級	当選金	本数
1等	10,000,000(円)	5(本)
1等の前後賞	5,000,000	10
2等	5,000,000	5
3等	100,000	150
4等	5,000	2,500
5等	1,000	50,000
6等	100	500,000

解 確率変数 X をこの宝くじの当選金とした確率分布は，表3-7のようになる。

表3-7

当選金 x_i	確率 p_i	$x_i p_i$	$x_i^2 p_i$
10,000,000(円)	1/1,000,000	10	100,000,000
5,000,000	2/1,000,000	10	50,000,000
5,000,000	1/1,000,000	5	25,000,000
100,000	30/1,000,000	3	300,000
5,000	500/1,000,000	2.5	12,500
1,000	10,000/1,000,000	10	10,000
100	100,000/1,000,000	10	1,000
合計		50.5	175,323,500

期待金額　$E(X) = \sum x_i p_i = 50.5$(円)

分　散　$V(X) = E(X^2) - E(X)^2 = 175{,}323{,}500 - 50.5^2$
$\qquad\qquad = 175{,}320{,}949.75$

標準偏差　$\sigma(X) = 13{,}241$(円) 　　　　　　　　　　　（終）

次に，2つの独立な確率変数 X, Y について，和 $X + Y$ の分散，標準偏差について考える。

―― 独立な確率変数の和の分散，標準偏差 ――

確率変数 X，Y が独立のとき，次式が成り立つ。

$$V(X + Y) = V(X) + V(Y) \tag{3.13}$$

$$\sigma(X + Y) = \sqrt{\{\sigma(X)\}^2 + \{\sigma(Y)\}^2} \tag{3.14}$$

同様に，n 個の確率変数 X_1，X_2，$\cdots$，X_n が互いに独立ならば，

$$V(X_1 + X_2 + \cdots + X_n) = V(X_1) + V(X_2) + \cdots + V(X_n) \tag{3.15}$$

証明 X，Y が独立だから，(3.4)，(3.6)，(3.7)，(3.8) より，

$$\begin{aligned}
V(X + Y) &= E\{(X + Y)^2\} - \{E(X + Y)\}^2 \\
&= E(X^2 + 2XY + Y^2) - \{E(X) + E(Y)\}^2 \\
&= E(X^2) + 2E(XY) + E(Y^2) \\
&\quad - \{E(X)\}^2 - 2E(X)E(Y) - \{E(Y)\}^2 \\
&= E(X^2) - \{E(X)\}^2 + E(Y^2) - \{E(Y)\}^2 \\
&= V(X) + V(Y)
\end{aligned}$$

(3.14) は，(3.10) と (3.13) より明らか。(3.15) も同様にして成り立つ。 (終)

例3.7 例3.2 の分散を (3.13) より求めよ。

解 例3.4 より，

$$V(X_i) = \left(0^2 \cdot \frac{1}{2} + 1^2 \cdot \frac{1}{2}\right) - \left(\frac{1}{2}\right)^2 = \frac{1}{4} \qquad (i = 1, 2, 3, 4)$$

X は，互いに独立な X_i ($i = 1, 2, 3, 4$) の和だから，

$$\begin{aligned}
V(X) &= V(X_1 + X_2 + X_3 + X_4) \\
&= V(X_1) + V(X_2) + V(X_3) + V(X_4) \\
&= \frac{1}{4} + \frac{1}{4} + \frac{1}{4} + \frac{1}{4} = 1
\end{aligned}$$

(終)

4 ── チェビシェフの不等式

> **チェビシェフの不等式**
>
> 確率変数 X の平均を m, 標準偏差を σ とするとき, 任意の正の数 k に対して, 次の不等式が成り立つ。
>
> $$P(|X - m| < k\sigma) \geqq 1 - \frac{1}{k^2} \tag{3.16}$$

証明 余事象を考えることによって, チェビシェフの不等式は,

$$P(|X - m| \geqq k\sigma) \leqq \frac{1}{k^2}$$

と同値だから, この不等式を証明する。

確率分布表において, $|X - m| \geqq k\sigma$ となる X のすべての値を, 必要ならば, 順序を入れかえることによって, $x_1, \cdots, x_j$ としてよい。このとき,

$$P(|X - m| \geqq k\sigma) = p_1 + p_2 + \cdots + p_j \tag{3.17}$$

$$\begin{aligned}
\sigma^2 = V(X) &= (x_1 - m)^2 p_1 + \cdots + (x_j - m)^2 p_j \\
&\quad + (x_{j+1} - m)^2 p_{j+1} + \cdots + (x_n - m)^2 p_n \\
&\geqq (x_1 - m)^2 p_1 + \cdots + (x_j - m)^2 p_j
\end{aligned} \tag{3.18}$$

$|x_i - m| \geqq k\sigma \, (i = 1, \cdots, j)$ だから, (3.18)に代入して,

$$\sigma^2 \geqq k^2 \sigma^2 p_1 + \cdots + k^2 \sigma^2 p_j = k^2 \sigma^2 (p_1 + \cdots + p_j)$$

$$\therefore \quad p_1 + \cdots + p_j \leqq \frac{1}{k^2}$$

ゆえに, (3.17)式より,

$$P(|X - m| \geqq k\sigma) \leqq \frac{1}{k^2}$$

(終)

チェビシェフの不等式において, $k = 2$, $k = 3$ とおけば, それぞれ,

$$P(|X - m| < 2\sigma) \geqq \frac{3}{4}$$

$$P(|X - m| < 3\sigma) \geqq \frac{8}{9} \tag{3.19}$$

になり，最初の不等式は，どんな確率分布についても，確率変数 X が範囲：$m - 2\sigma < X < m + 2\sigma$ に入る確率は，0.75 以上であることを示している。

分布の型がわかっているときには，もっとよい評価式が得られる。X が正規分布に従うとき，標準正規分布表から，この確率は 0.9545 になる。一方，平均と分散がわかれば確率分布がわからなくても，次の例のように，チェビシェフの不等式から，確率の見当をつけることができる。

例 3.8 ある学生が受けた A，B 2 科目の試験の，平均，標準偏差，その学生の点数は，以下のとおりである。このとき，チェビシェフの不等式から少なくとも 75％ の学生が含まれる範囲を求め，この学生の科目 B の得点は，その試験を受けた学生の中で，非常に上位であることを示せ。

科目A：平均 58.5 点，標準偏差 20.5 点，学生の点数 97 点

科目B：平均 43.5 点，標準偏差 10.5 点，学生の点数 75 点

解 (3.19)式より少なくとも 75％ の学生が含まれる範囲は，

科目A：$P(|X - 58.5| < 2 \cdot 20.5) \geqq 0.75$

よって，$P(17.5 < X < 99.5) \geqq 0.75$ だから，17 点から 99 点の間である。

同様に，科目 B では，$P(22.5 < X < 64.5) \geqq 0.75$ だから，22 点から 64 点の間である。よって，この学生の科目 B の得点は，その試験を受けた学生のなかで，非常に上位であることがわかる。

(終)

5 — 確率変数の変換

確率変数の一次式の平均・分散・標準偏差

確率変数 X に対して，$Y = aX + b$（a, b は定数）を確率変数とみなすとき，

$$E(Y) = aE(X) + b \tag{3.5}$$

$$V(Y) = a^2 V(X) \tag{3.20}$$

$$\sigma(Y) = |a|\sigma(X) \tag{3.21}$$

証明 第1式は，すでに証明済みなので，第2, 3式を証明する。

$y_i = ax_i + b \, (i = 1, 2, \cdots, n)$，$E(X) = m$，$E(Y) = M$ とおけば，第1式より，

$$y_i - M = (ax_i + b) - (am + b) = a(x_i - m)$$

$$(i = 1, 2, \cdots, n)$$

また，分散の定義から，

$$V(Y) = \sum_{i=1}^{n}(y_i - M)^2 p_i = \sum_{i=1}^{n} a^2(x_i - m)^2 p_i = a^2 V(X)$$

ゆえに， $\sigma(Y) = |a|\sigma(X)$ （終）

例3.9 500円硬貨を4枚投げて，表の出た枚数だけその500円硬貨を賞金としてもらえるものとする。賞金 Y 円の期待金額と標準偏差を求めよ。

解 表の出る枚数 X と賞金 Y の間には，

$$Y = 500X$$

が成り立つから，例3.3，例3.5，(3.5)，(3.21)より，

$$E(Y) = 500E(X) = 1000 \text{(円)}$$

$$\sigma(Y) = 500\sigma(X) = 500 \text{(円)}$$

（終）

確率変数を平均が0，標準偏差が1になるように，変数変換する。これ

は，§4 の 5 で正規分布から標準正規分布に変換するときに使う。

> **標準化変換**
>
> 確率変数 X に対して，
> $$Z = \frac{X - E(X)}{\sigma(X)} \tag{3.22}$$
> を X を標準化した確率変数といい，この変換を標準化変換という。このとき，次式が成り立つ。
> $$E(Z) = 0, \quad \sigma(Z) = 1 \tag{3.23}$$

証明 (3.5)，(3.21) において，
$$a = \frac{1}{\sigma(X)} \qquad b = -\frac{E(X)}{\sigma(X)}$$
とおけばよい。 (終)

例 3.10 標準化変換を使って，平均が 50，標準偏差が 10 になるように変換する式を求めよ。

解 $Y = aZ + b$ とおき，$E(Y) = 50$，$\sigma(Y) = 10$ を満たす a, b を求めればよい。(3.5)，(3.21)，(3.23) より，
$$E(Y) = aE(Z) + b = b$$
$$\sigma(Y) = |a|\sigma(Z) = |a|$$
よって，$a = 10$，$b = 50$ とおけばよい。 (終)

X を試験の点数としたとき，例 3.10 の Y が偏差値である。すなわち，偏差値は標準化変換を使って，平均が 50，標準偏差が 10 になるように変換した値で，次の式で求められる。

> **偏差値**
> $$Y = 50 + \frac{10\{\text{個人の得点 } X - \text{平均点 } E(X)\}}{\text{標準偏差 } \sigma(X)} \tag{3.24}$$

例 3.11 平均 60 点，標準偏差 20 点の試験で，学生の点数が，100 点，60

点，0 点のとき，それぞれの偏差値 Y を求めよ。また，例 3.8 の A，B 2 科目の試験の偏差値 Y を求め比較せよ（ただし，この 2 科目を受けた学生の集団は等しいとする）。

解 $E(X) = 60$, $\sigma(X) = 20$ を (3.24) に代入して，

$X = 100$ のとき，$\quad Y = 50 + \dfrac{10 \cdot (100 - 60)}{20} = 70$

同様にして，$X = 60$, 0 の偏差値はそれぞれ，50, 20 である。

また，例 3.8 では，科目 A，B の偏差値はそれぞれ，

$\text{A}: 50 + \dfrac{10 \cdot (97 - 58.5)}{20.5} = 68.8 \quad \text{B}: 50 + \dfrac{10 \cdot (75 - 43.5)}{10.5} = 80$

この 2 科目を受けた学生の集団は等しいから，この学生は科目 B のほうが得意なことがわかる。 (終)

練習問題 3

1. 1 個のサイコロを投げたとき，出た目の数 X の期待値と標準偏差を求めよ。

2. 2 個のサイコロを同時に投げて，出た目の和を確率変数 X としたとき，次の問に答えよ。
   (1) 確率分布を求めよ。
   (2) 期待値 $E(X)$, 分散 $V(X)$, 標準偏差 $\sigma(X)$ を (3.4), (3.11), (3.10) より求めよ。
   (3) 期待値 $E(X)$, 分散 $V(X)$ を 1, (3.6), (3.13) より求めよ。
   (4) 出た目の和に応じて表 3-8 のように賞金がもらえるものとする。このとき，賞金を確率変数 Y として，期待金額 $E(Y)$ と標準偏差 $\sigma(Y)$ を求めよ。

表 3-8　　　　　　　　　（単位：百円）

目の和 X	2	3	4	5	6	7	8	9	10	11	12
賞金 Y	30	35	40	45	50	55	60	65	70	75	80

3. 2 個のサイコロを同時に投げて，出た目の積を確率変数 X としたとき，

次の問に答えよ。

(1) 確率分布を求めよ。

(2) 期待値 $E(X)$ を (3.4) より求めよ。

(3) 期待値 $E(X)$ を $\boxed{1}$，(3.8) より求めよ。

$\boxed{4}$ 打率 3 割の打者が，4 打席で安打を出す期待値と標準偏差を求めよ。

§4　代表的な確率分布

1 — 二項分布

二項分布 $B(n, p)$

確率変数 X が $0, 1, 2, \cdots, n$ の値をとるとき，確率が
$$P(X = r) = {}_nC_r p^r (1-p)^{n-r} = {}_nC_r p^r q^{n-r} \tag{4.1}$$
$$(ただし，0 < p < 1,\ q = 1 - p)$$
で与えられる確率分布を，**二項分布 $B(n, p)$** (Binomial distribution) という。

表 4-1

X のとる値	0	1	$\cdots$	r	$\cdots$	n
その確率	q^n	npq^{n-1}	$\cdots$	${}_nC_r p^r q^{n-r}$	$\cdots$	p^n

---

(1.17) より (3.1) が成り立つから，この分布は確率分布である。

　この分布は，p を1回の試行である事象の起こる確率とすれば，(2.8) より，n 回のベルヌイ試行の中でその事象が起こる回数に関する確率分布である。確率変数 $X =$ (その事象の起こる回数) だから，X のとり得る可能な値は $0, 1, 2, \cdots, n$ の $n+1$ 通りである。(4.1) 式は，二項定理の展開 (1.10) の項からなる分布なので，二項分布という。また，例 3.2 の確率分布も (4.1) を満たすから二項分布 $B(4, 0.5)$ である。

例 4.1 1枚の硬貨を 8 回投げるとき，表の出る回数を X とする。このときの二項分布 $B(8,\ 1/2)$ を求めよ。

解 1回の試行で表の出る確率は，$p = 1/2$ だから (2.8) より，

$$P(X = r) = {}_8C_r \left(\frac{1}{2}\right)^r \left(1 - \frac{1}{2}\right)^{8-r} = \frac{{}_8C_r}{256}$$

表 4-2

X	0	1	2	3	4	5	6	7	8
P	$\frac{1}{256}$	$\frac{8}{256}$	$\frac{28}{256}$	$\frac{56}{256}$	$\frac{70}{256}$	$\frac{56}{256}$	$\frac{28}{256}$	$\frac{8}{256}$	$\frac{1}{256}$

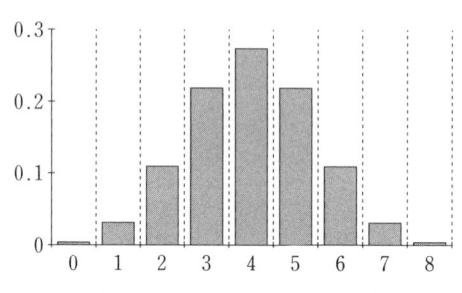

図 4-1　二項分布 $B(8,\ 1/2)$

図 4-1 のグラフを**ヒストグラム**という。

2 — 二項分布の平均，分散，標準偏差

二項分布の平均 $E(X)$，分散 $V(X)$ は次の式で与えられる。例 3.2 の平均，分散の求め方と同様 2 通りの証明を示す。

二項分布 $B(n,\ p)$ の平均と分散

$$E(X) = \sum_{r=0}^{n} r\,{}_nC_r p^r q^{n-r} = np \tag{4.2}$$

$$V(X) = \sum_{r=0}^{n} (r - np)^2\,{}_nC_r p^r q^{n-r} = np(1-p) = npq \tag{4.3}$$

$$\sigma(X) = \sqrt{npq} \tag{4.4}$$

証明 (1.13), (1.14), (1.10) より

$$E(X) = \sum_{r=0}^{n} r \cdot {}_nC_r p^r q^{n-r} = \sum_{r=1}^{n} n \cdot {}_{n-1}C_{r-1} p^r q^{n-r}$$

$$= np \sum_{r=1}^{n} {}_{n-1}C_{r-1} p^{r-1} q^{(n-1)-(r-1)} = np(p+q)^{n-1} = np$$

$$E(X^2) = \sum_{r=0}^{n} r^2 {}_nC_r p^r q^{n-r} = \sum_{r=0}^{n} \{r(r-1) + r\} {}_nC_r p^r q^{n-r}$$

$$= \sum_{r=2}^{n} n(n-1) {}_{n-2}C_{r-2} p^r q^{n-r} + \sum_{r=0}^{n} r \, {}_nC_r p^r q^{n-r}$$

$$= n(n-1)p^2(p+q)^{n-2} + np = n(n-1)p^2 + np$$

(3.11),(3.10) より,

$$V(X) = n(n-1)p^2 + np - (np)^2 = npq$$
$$\sigma(X) = \sqrt{npq} \quad\quad\quad (終)$$

別証明 二項分布は,p を 1 回の試行である事象 A の起こる確率とすれば,n 回のベルヌイ試行の中でその事象 A が起こる回数に関する確率分布である。$X_i (i = 1, 2, \cdots, n)$ を i 回目の試行で事象 A が起こる回数とすると,その確率分布は,

表 4-3

X_i	0	1
$P(X_i)$	q	p

平均 $E(X_i)$,分散 $V(X_i)$ は,(3.4),(3.11) より,

$$E(X_i) = 0 \cdot q + 1 \cdot p = p$$
$$V(X_i) = 0^2 \cdot q + 1^2 \cdot p - p^2 = p(1-p) = pq$$

X は,$X_i (i = 1, 2, \cdots, n)$ の和で X_i は互いに独立だから,(3.7),(3.15) より,

$$E(X) = p + p + \cdots + p = np, \quad V(X) = npq \quad\quad (終)$$

例 4.2 例 4.1 の平均,標準偏差を求めよ。

解 $n = 8$,$p = 1/2$ だから,(4.2),(4.4) より,

$$E(X) = 8 \cdot \frac{1}{2} = 4, \quad V(X) = 8 \cdot \frac{1}{2} \cdot \frac{1}{2} = 2, \quad \sigma(X) = \sqrt{2} \quad (終)$$

例4.3　1個のサイコロを12回投げたとき，6の目の出る回数 X の確率分布，ヒストグラム，平均，分散，標準偏差を求めよ。

解　$n = 12$, $p = 1/6$ だから，(4.1)～(4.4)より，

$$P(X = r) = {}_{12}C_r\left(\frac{1}{6}\right)^r\left(1 - \frac{1}{6}\right)^{12-r} = \frac{{}_{12}C_r \cdot 5^{12-r}}{6^{12}}$$

表 4-4

X	0	1	2	3	4	5	6
$P(X)$	0.1122	0.2692	0.2961	0.1974	0.0888	0.0284	0.0066
X	7	8	9	10	11	12	
$P(X)$	0.0011	0.0001	0.0000	0.0000	0.0000	0.0000	

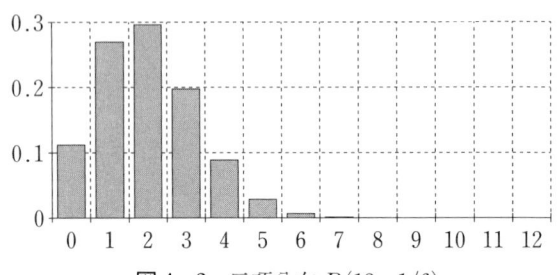

図 4-2　二項分布 $B(12, 1/6)$

$$E(X) = 12 \cdot \frac{1}{6} = 2, \quad V(X) = 12 \cdot \frac{1}{6} \cdot \frac{5}{6} = \frac{5}{3},$$

$$\sigma(X) = \sqrt{\frac{5}{3}} = 1.29$$

(終)

3 — 大数の法則

二項分布の平均，標準偏差の式(4.2)，(4.4)をチェビシェフの不等式(3.16)に代入することによって，n を大きくしていくと，事象 A が起こる相対度数 r/n を A の起こる確率 p にいくらでも近づけることができることが，次のようにして示せる。

ベルヌイの定理

独立試行を n 回繰り返すとき，確率が p である事象が起こる回数を r とすると，任意の正の数 ε に対して次の不等式が成り立つ．

$$P\left\{\left|\frac{r}{n} - p\right| < \varepsilon\right\} \geqq 1 - \frac{pq}{n\varepsilon^2} \quad (\text{ただし，} q = 1-p) \quad (4.5)$$

証明 この確率分布は，確率 p に対する二項分布 $B(n, p)$ だから，

$$m = E(X) = np, \quad \sigma = \sigma(X) = \sqrt{npq}$$

これらを，(3.16)に代入し，$X = r$，$k = n\varepsilon/\sqrt{npq}$ とおけば，

$$P(|r - np| < n\varepsilon) \geqq 1 - \frac{npq}{(n\varepsilon)^2} = 1 - \frac{pq}{n\varepsilon^2} \quad (\text{終})$$

例 4.4 2個のサイコロを 3500 回投げたとき，ダブル 6 の目が出る回数 r が

$$\left|\frac{r}{3500} - \frac{1}{36}\right| < \frac{1}{10}$$

を満たす確率は，何%以上になるか求めよ．

解 (4.5)より，

$$P\left\{\left|\frac{r}{3500} - \frac{1}{36}\right| < \frac{1}{10}\right\} \geqq 1 - \frac{1}{36} \cdot \frac{35}{36} \Big/ \left(3500 \cdot \frac{1}{10^2}\right) = 0.9992$$

よって，99.92 % 以上である．　　　　　　　　　　　　　　　　　　　(終)

ベルヌイの定理において $pq/n\varepsilon^2$ は，正の数 ε がどんなに小さくても，n さえ大きくすればいくらでも 0 に近づくので，次の大数の法則が成り立つ．

大数の法則

独立試行を n 回繰り返すとき，確率が p である事象が起こる回数を r とすると，任意の正の数 ε に対して次の式が成り立つ．

$$\lim_{n \to \infty} P\left\{\left|\frac{r}{n} - p\right| < \varepsilon\right\} = 1 \quad (4.6)$$

4 — 標準正規分布

二項分布 $B(n, p)$ に従って分布している確率変数 X の確率分布をヒストグラムに表わして，$n \to \infty$ のとき，そのグラフがどんな曲線に近づくのかを考える。

例 4.5 硬貨を 12 回投げるとき，表の出る回数を X とすれば，確率変数 X の確率分布をヒストグラムで表わし，平均と標準偏差を求めよ。また，X を標準化した確率変数 Z の確率分布を，ヒストグラムで表わせ。

解 この確率分布は，二項分布 $B(12, 1/2)$ だから，

$$P(X = r) = {}_{12}C_r \left(\frac{1}{2}\right)^r \left(1 - \frac{1}{2}\right)^{12-r} = \frac{{}_{12}C_r}{4096}$$

表 4-5

X	0	1	2	3	4	5	6
$P(X)$	0.0003	0.0029	0.0161	0.0537	0.1208	0.1934	0.2256
X	7	8	9	10	11	12	
$P(X)$	0.1934	0.1208	0.0537	0.0161	0.0029	0.0003	

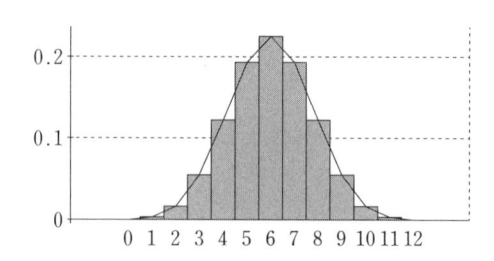

図 4-3

$$E(X) = 12 \cdot \frac{1}{2} = 6 \qquad \sigma(X) = \sqrt{3}$$

したがって，X を標準化した確率変数 Z は，

$$Z = \frac{X - 6}{\sqrt{3}}$$

Z のとる値は，

$$\frac{-6}{\sqrt{3}},\ \cdots,\ \frac{-2}{\sqrt{3}},\ \frac{-1}{\sqrt{3}},\ 0,\ \frac{1}{\sqrt{3}},\ \frac{2}{\sqrt{3}},\ \cdots,\ \frac{6}{\sqrt{3}}$$

ヒストグラムは，図 4-4 のようになる。

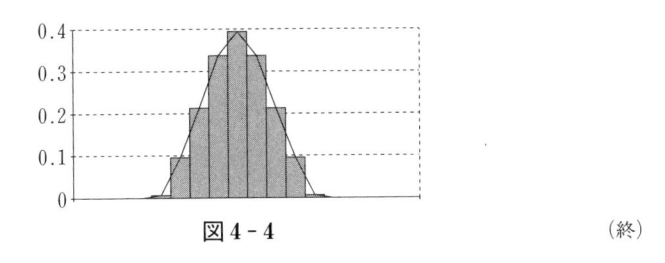

図 4-4 　　　　　　　　　　　　　　　　　（終）

これまでは，有限個の値をとる確率変数（離散変量）を考えてきたが，ここでは，連続的に変化する確率変数（連続変量）を考える。例 4.5 と同様に，二項分布 $B(n, p)$ の n を限りなく大きくして標準化した確率変数 Z の確率分布を，ヒストグラムに表わしたとき，そのヒストグラムは，次のような曲線に近づくことが知られている。

標準正規分布曲線

二項分布 $B(n, p)$ を標準化した確率変数 (3.22) は，$n \to \infty$ のとき，密度関数が

$$\phi(Z) = \frac{1}{\sqrt{2\pi}} e^{-\frac{Z^2}{2}} \tag{4.7}$$

である確率分布になる。

ただし，　$e = \lim_{n \to \infty} \left(1 + \frac{1}{n}\right)^n \fallingdotseq 2.71828\cdots \tag{4.8}$

確率変数 Z に対して，確率分布曲線（確率密度関数）が (4.7) で与えられる分布を，**標準正規分布**という。この曲線のグラフは，図 4-5 のようになり，この曲線を**標準正規分布曲線**という。

$$\frac{1}{\sqrt{2\pi}} = 0.399$$

$$\frac{1}{\sqrt{2\pi e}}$$

$-1 \quad 0 \quad 1$

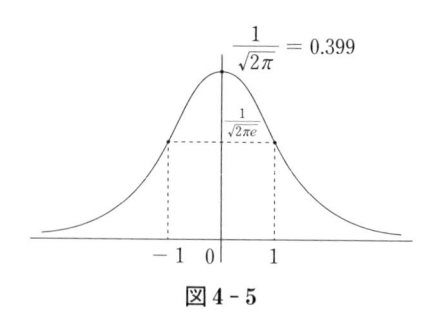

図4-5

この曲線には，次の性質がある。

標準正規分布曲線 $\phi(z)$ の性質

(1) y 軸に関して対称で，変曲点は $\left(\pm 1, \dfrac{1}{\sqrt{2\pi e}}\right)$ である。

(2) $z = 0$ で，最大値 $\dfrac{1}{\sqrt{2\pi}} \fallingdotseq 0.399$ をとり，$z > 0$ では単調減少で $\lim\limits_{z \to \infty} \phi(z) = 0$ である。

(3) $\displaystyle\int_{-\infty}^{\infty} \phi(z)dz = 1, \quad \int_{0}^{\infty} \phi(z)dz = \int_{-\infty}^{0} \phi(z)dz = \frac{1}{2}$ \hfill (4.9)

$\displaystyle\int_{0}^{a} \phi(z)dz = \int_{-a}^{0} \phi(z)dz$ \hfill (4.10)

$\displaystyle\int_{-1}^{1} \phi(z)dz \fallingdotseq 0.6826, \quad \int_{-2}^{2} \phi(z)dz \fallingdotseq 0.9545,$

$\displaystyle\int_{-3}^{3} \phi(z)dz \fallingdotseq 0.9973$

変数 Z が，a と b の間にある確率 $P(a \leqq Z \leqq b)$ は，次の式によって求めることができる。

$$P(a \leqq Z \leqq b) = \int_{a}^{b} \phi(z)dz \tag{4.11}$$

(4.9)，(4.10)より，$a \geqq 0$ について，

$$P(0 \leqq Z \leqq a) = \int_{0}^{a} \phi(z)dz \tag{4.12}$$

の値が求められていれば(4.11)は，次式によって求められる。(4.12)の値

は，巻末の数表#5で求められる．

$$P(a \leqq Z \leqq b)$$
$$= \begin{cases} P(0 \leqq Z \leqq b) - P(0 \leqq Z \leqq a) & (0 \leqq a \leqq b) \quad (4.13) \\ P(0 \leqq Z \leqq b) + P(0 \leqq Z \leqq -a) & (a \leqq 0 \leqq b) \quad (4.14) \\ P(0 \leqq Z \leqq -a) - P(0 \leqq Z \leqq -b) & (a \leqq b \leqq 0) \quad (4.15) \end{cases}$$

二項分布で n が非常に大きいときは，標準化した確率変数は，標準正規分布に非常に近いので，二項分布の確率を(4.11)で近似して求めることができる．このとき，離散変量を連続変量とみなすために，$a \leqq X \leqq b$ (a, b 整数) を，$a - 0.5 \leqq X \leqq b + 0.5$ と考える．これを，**半整数補正**という．

例4.6 正しくつくられたサイコロを 2000 回投げたとき，3 の目が出る回数が 300 回以上 350 回以下である確率を求めよ．

解 この確率分布は二項分布だから，平均と標準偏差は(4.2)，(4.4)より，

$$E(X) = 2000 \cdot \frac{1}{6} = \frac{1000}{3}, \qquad \sigma(X) = \sqrt{2000 \cdot \frac{1}{6} \cdot \frac{5}{6}} = \frac{50}{3}$$

標準化(3.22)を行うと，

$$Z = \frac{X - E(X)}{\sigma(X)} = \frac{3X - 1000}{50}$$

よって，求める確率は，半整数補正と(4.14)より，

$$P(300 \leqq X \leqq 350)$$
$$= P\left(\frac{3 \cdot (300 - \mathbf{0.5}) - 1000}{50} \leqq Z \leqq \frac{3 \cdot (350 + \mathbf{0.5}) - 1000}{50} \right)$$
$$= P(-2.03 \leqq Z \leqq 1.03)$$
$$= P(0 \leqq Z \leqq 1.03) + P(0 \leqq Z \leqq 2.03)$$

数表#5 より $= 0.34850 + 0.47882 = 0.82732$

ゆえに，82.73 % である． (終)

5 ― 正規分布

$n \to \infty$ のとき，もとの確率変数 X は，標準正規分布をもつ確率変数 Z を用いて，

$$X = m + \sigma Z \qquad (\sigma > 0)$$

と表わされるから，X は，次のような確率分布になることが証明される。

正規分布

二項分布 $B(n, p)$ は $n \to \infty$ のとき，密度関数が，

$$f(x) = \frac{1}{\sigma\sqrt{2\pi}} e^{-\frac{(x-m)^2}{2\sigma^2}} \tag{4.16}$$

(ただし $m = E(X)$, $\sigma = \sqrt{V(X)}$)

で表わされる確率分布になる。この分布を，平均 m，分散 σ^2 の正規分布 (Normal distribution) であるといい，$N(m, \sigma^2)$ で表わす。また，この曲線を正規曲線またはガウス曲線という。

この曲線には，次の性質がある。

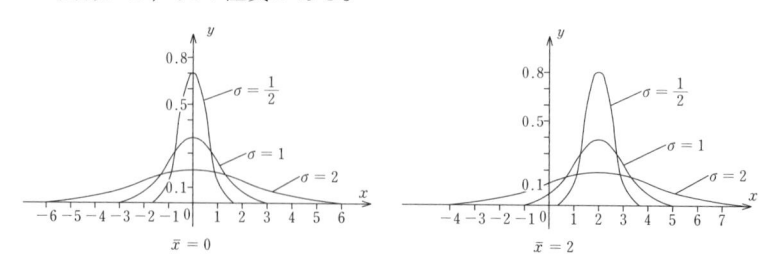

図 4 - 6

正規曲線 $f(x)$ の性質

(1) $x = m$ に関して対称で，変曲点は $\left(m \pm \sigma, \dfrac{1}{\sigma\sqrt{2\pi e}}\right)$ である。

(2) $x = m$ で，最大値 $\dfrac{1}{\sigma\sqrt{2\pi}} = \dfrac{0.399}{\sigma}$ をとり，$x > m$ では単調

減少で $\lim_{x \to \infty} f(x) = 0$ である。

(3) $\int_{-\infty}^{\infty} f(x)dx = 1$, $\int_{m}^{\infty} f(x)dx = \int_{-\infty}^{m} f(x)dx = \dfrac{1}{2}$,

$\int_{m}^{m+a} f(x)dx = \int_{m-a}^{m} f(x)dx$

$\int_{m-\sigma}^{m+\sigma} f(x)dx \fallingdotseq 0.6826$, $\int_{m-2\sigma}^{m+2\sigma} f(x)dx \fallingdotseq 0.9545$,

$\int_{m-3\sigma}^{m+3\sigma} f(x)dx \fallingdotseq 0.9973$

一般に，n が十分大きな値のとき，二項分布でなくても統計資料は正規分布に近似されることが多い。標準化変換(3.22)より，正規分布 $N(m, \sigma^2)$ の確率 $P(a \leqq X \leqq b)$ は，標準正規分布の確率によって次のように表わされる。

$$P(a \leqq X \leqq b) = P\left(\dfrac{a-m}{\sigma} \leqq Z \leqq \dfrac{b-m}{\sigma}\right) \qquad (4.17)$$

例4.7 女子大生200人の身長は平均が157 cm，標準偏差が5 cmの正規分布に従っているという。このとき，次の各問に答えよ。

(1) 150 cm～160 cm の人は，全体の何%で，何人いるか。
(2) 165 cm 以下の人は，何%で，何人いるか。
(3) 170 cm 以上の人は，何%で，何人いるか。

解 (1) $m = 157$, $\sigma = 5$ を(4.17)に代入すると

$P(150 \leqq X \leqq 160) = P\left(\dfrac{150-157}{5} \leqq Z \leqq \dfrac{160-157}{5}\right)$

(4.14)より，$\qquad = P(0 \leqq Z \leqq 0.6) + P(0 \leqq Z \leqq 1.4)$

数表#5より，$\qquad = 0.22575 + 0.41924 = 0.64499$

$0.64499 \times 200 = 128.998$(人)

よって，64.50%で，およそ129人いる。

§4 代表的な確率分布

(2) $P(X \leq 165) = P\left(Z \leq \dfrac{165-157}{5}\right) = P(Z \leq 1.6)$

$\qquad\qquad\qquad = P(-\infty \leq Z \leq 0) + P(0 \leq Z \leq 1.6)$

(4.9), 数表#5 より, $= 0.5 + 0.44520 = 0.94520$

$\qquad 0.94520 \times 200 = 189.04(人)$

よって, 94.52％で, およそ 189 人いる。

(3) $P(170 \leq X) = P\left(\dfrac{170-157}{5} \leq Z\right) = P(2.6 \leq Z)$

(4.13) より, $\quad = P(0 \leq Z \leq \infty) - P(0 \leq Z \leq 2.6)$

(4.9), 数表#5 より, $= 0.5 - 0.49534 = 0.00466$

$\qquad 0.00466 \times 200 = 0.932$

よって, 0.47％で, およそ 1 人いる。 (終)

6 — ポアソン分布

関数 e^x をマクローリン展開すると, 次式が成り立つことが示される（エクササイズ微分積分参照）。

$$e^x = 1 + x + \frac{x^2}{2!} + \frac{x^3}{3!} + \frac{x^4}{4!} + \cdots = \sum_{n=0}^{\infty} \frac{x^n}{n!} \qquad (4.18)$$

次の分布 $P(x)$ をポアソン分布といい, $PD(\alpha)$ で表わす。

― ポアソン分布 $PD(\alpha)$ ―

$$P(x) = \frac{e^{-\alpha}\alpha^x}{x!} \quad (x = 0, 1, 2, 3, \cdots) \qquad (4.19)$$

表 4-6

X	0	1	2	3	……	k	……
$P(X)$	$e^{-\alpha}$	$\alpha e^{-\alpha}$	$\dfrac{\alpha^2}{2!}e^{-\alpha}$	$\dfrac{\alpha^3}{3!}e^{-\alpha}$	……	$\dfrac{\alpha^k}{k!}e^{-\alpha}$	……

(4.18) より,

$$\sum_{k=0}^{\infty} p(k) = e^{-\alpha}\left(1 + \alpha + \frac{\alpha^2}{2!} + \cdots + \frac{\alpha^k}{k!} + \cdots\right) = e^{-\alpha}e^{\alpha} = 1$$

$$\therefore \quad \sum_{k=0}^{\infty} p(k) = 1 \tag{4.20}$$

よって，(3.1)が成り立つから(4.19)は，確率分布である。

試行回数が非常に多い（n が大きい）けれども，稀にしか起こらない（p が小さい）事象に対して，ポアソン分布がよく当てはまることが知られている。このことは，次のようにして，二項分布からポアソン分布を導く過程からわかる。二項分布(4.1)において，$\alpha = np$ とおき，α を一定に保ちながら n を限りなく大きくしていく（これは，p が次第に小さくなることを意味する）とき，二項分布は，ポアソン分布になることを以下に示す。

$$\boxed{\;{}_nC_r p^r q^{n-r} \xrightarrow[np=\alpha]{n \to \infty} \frac{e^{-\alpha}\alpha^r}{r!}\;}$$

証明
$${}_nC_r p^r q^{n-r} = \frac{n(n-1)\cdots(n-r+1)}{r!}\left(\frac{\alpha}{n}\right)^r\left(1-\frac{\alpha}{n}\right)^{n-r}$$

$$= \frac{\alpha^r}{r!}\left(1-\frac{1}{n}\right)\cdots\left(1-\frac{r-1}{n}\right)\left(1-\frac{\alpha}{n}\right)^n\left(1-\frac{\alpha}{n}\right)^{-r}$$

$n \to \infty$ のとき，

$$\left(1-\frac{1}{n}\right)\left(1-\frac{2}{n}\right)\cdots\left(1-\frac{r-1}{n}\right)\left(1-\frac{\alpha}{n}\right)^{-r} \to 1$$

$\dfrac{n}{\alpha} = N$ とおくと，$n \to \infty$ のとき，$N \to \infty$ だから，

$$\left(1-\frac{\alpha}{n}\right)^n = \left(1-\frac{1}{N}\right)^{N\alpha} \to e^{-\alpha}$$

（『エクササイズ微分積分』参照：$\lim_{N \to \infty}\left(1-\dfrac{1}{N}\right)^N = e^{-1}$）

ゆえに，$np = \alpha$（一定）で $n \to \infty$ のとき，

$$_nC_r p^r q^{n-r} \to \frac{e^{-\alpha}\alpha^r}{r!} \qquad\qquad\text{（終）}$$

$np = \alpha$（一定）で $n \to \infty$ のとき，二項分布はポアソン分布になるから，p が小さく n が大きいとき（$p < 0.1$，$n > 50$ かつ $np < 10$），二項分布は，ポアソ

ン分布で近似できる。

> ポアソン分布においては，
> $$P(k) = \frac{\alpha}{k} P(k-1) \quad (k = 1, 2, 3, \cdots) \tag{4.21}$$

証明 $P(k) = \dfrac{\alpha^k}{k!} e^{-\alpha} = \dfrac{\alpha}{k} \cdot \dfrac{\alpha^{k-1}}{(k-1)!} e^{-\alpha} = \dfrac{\alpha}{k} P(k-1)$ (終)

この式は，ポアソン分布の確率を求めるときに，電卓で使うと便利である。

参考 (4.21)より，$P(X = x)$ の値は，電卓で次の操作を繰り返すことによって求められる。

EC：$P(k)$ の求め方 … $(P(k-1)$ の値) $\times$ α $\div$ k $=$ (4.22)

$P(0) = e^{-\alpha}$ の値を入れ(4.22)を繰り返して $P(1),\ P(2),\ \cdots$ と求める。

二項分布 $B(n, p)$ では，(4.2)，(4.3)より，$E(X) = np$，$V(X) = np(1-p)$ である。$np = \alpha$（一定）で $n \to \infty$ にすると，$p \to 0$ になるから，ポアソン分布では，
$$E(X) = V(X) = \alpha$$
になる。これは，(4.21)を使って，次のように証明できる。

> **ポアソン分布 $PD(\alpha)$ の平均と分散**
> $$\text{平均 } E(X) = \text{分散 } V(X) = \alpha \tag{4.23}$$

証明 (3.4)，(4.21)，(4.20)より，
$$E(X) = \sum_{k=0}^{\infty} k \cdot p(k) = \sum_{k=1}^{\infty} k \cdot \frac{\alpha}{k} \cdot p(k-1) = \alpha \sum_{k=1}^{\infty} p(k-1)$$
$$= \alpha \sum_{j=0}^{\infty} p(j) = \alpha \tag{4.24}$$

(4.21)，(4.20)，(4.24)より，
$$E(X^2) = \sum_{k=0}^{\infty} k^2 \cdot p(k) = \sum_{k=1}^{\infty} k^2 \cdot \frac{\alpha}{k} \cdot p(k-1) = \alpha \sum_{k=1}^{\infty} k \cdot p(k-1)$$
$$= \alpha \sum_{j=0}^{\infty} (j+1) p(j) = \alpha(\alpha + 1) \tag{4.25}$$

(3.11)，(4.24)，(4.25)より，

$$V(X) = \alpha(\alpha+1) - \alpha^2 = \alpha \tag{終}$$

ポアソン分布が最初に当てはめられた例を，次にあげる。

例4.8 （ポーランドの統計家ボルトキービッチによるポアソン分布の例） 表4-7は，19世紀のプロシア陸軍で，1年間に馬に蹴られて死んだ兵士の数とその軍団の数である。この表から，1年間に馬に蹴られて死んだ一軍団の兵士の数の平均を求め，ポアソン分布によって，うまく近似されることを示せ。

表4-7

x	0	1	2	3	4	5以上	合計
1年間に兵士が x 人死亡した軍団の数	109	65	22	3	1	0	200
相対度数	0.545	0.325	0.110	0.015	0.005	0.000	1

解 相対度数を確率とみなして，平均・分散を求めると(3.4)，(3.11)より，

$$E(X) = 0.61, \quad V(X) = 0.6071 \fallingdotseq 0.61$$

$\alpha = 0.61$ のポアソン分布と比較する。数表#2より，$e^{-0.61} = 0.54335$

$$P(X) = \frac{e^{-0.61}(0.61)^x}{x!} \quad (x = 0, 1, 2, 3, \cdots)$$

(4.22)より，電卓で求める。

表4-8

$X = x$	0	1	2	3	4	5
$P(X=x)$	0.54335	0.33144	0.10109	0.02055	0.00313	0.0003
期待度数	108.7	66.3	20.2	4.1	0.6	0.1

ゆえに，ポアソン分布によって近似されていることがわかる。 （終）

次に，二項分布がポアソン分布で近似される例をあげる。

例4.9 2個のサイコロを同時に投げる試行を54回繰り返したとき，ダブル3の目の出る回数を確率変数とする二項分布を考える。この分布は，同じ平均をもつポアソン分布によって近似されることを示せ。

§4 代表的な確率分布

解 $p = \dfrac{1}{36}$ だから,$q = \dfrac{35}{36}$,$n = 54$ を (4.2),(4.1) に代入して,

$$E(X) = 54 \times \frac{1}{36} = 1.5$$

$$P(X = r) = {}_{54}C_r \left(\frac{1}{36}\right)^r \left(\frac{35}{36}\right)^{54-r} \quad (r = 0,\ 1,\ 2,\ \cdots,\ 54)$$

これと同じ平均をもつポアソン分布は,(4.23) より,$a = 1.5$ だから,(4.19) より,

$$P(X) = \frac{e^{-1.5} 1.5^x}{x\,!} \quad (x = 0,\ 1,\ 2,\ 3,\ \cdots)$$

これらを計算すると,数表#3 より,

表 4-9

x	0	1	2	3	4	5
二項分布	0.21844	0.33702	0.26247	0.12637	0.04604	0.01315
ポアソン分布	0.22313	0.33470	0.25102	0.12551	0.04707	0.01412

∴ 二項分布 $B\left(54,\ \dfrac{1}{36}\right)$ は,ポアソン分布 $PD(1.5)$ によって近似されている。

(終)

最後に,ポアソン分布の応用例をあげる。

例 4.10 A 電気店には,ある一定時間内に平日平均 3 人のお客が入る。その店では,商品の説明などで 1 人のお客にかかる接客サービスは,その時間内にだいたい済むことがいままでの経験からわかっている。このとき,次の各問に答えよ。

(1) その時間内に接客サービスに応じきれない確率を 0.1 以下におさえたい。何人店員を配置すればよいか。

(2) この店では,週末には平日の 2 倍のお客が入るという。平日と同様の接客サービスをするためには,何人の臨時店員をたのめばよいか。

解 一定時間内にお客が入る確率は,x をその時間内に入るお客の数とすると,ポアソン分布をすると考えられるから,

(1) $a = 3$ のポアソン分布を考えればよい。$a = 3$ のポアソン分布表とその累積ポアソン確率表は、数表#3より、

表 4 - 10

x	0	1	2	3	4	5	6
$P(x)$	0.04979	0.14936	0.22404	0.22404	0.16803	0.10082	0.05041
$P(X \leq x)$	0.04979	0.19915	0.42319	0.64723	0.81526	0.91608	0.96649

S 人の店員が配置されているとすると、その時間内に接客サービスに応じきれない確率は、余事象の確率を考えると、$1 - P(X \leq S) \leq 0.1$ すなわち、お客が S 人以下である確率が 0.9 以上であればよい。ゆえに、表 4 - 10 から、

$$P(X \leq 5) = 0.91608 > 0.9 \qquad \therefore \quad S = 5$$

5 人の店員を配置すればよい。

(2) 平日の 2 倍のお客が入るから、$a = 6$ のポアソン分布を考える。数表#2 より、$e^{-6} = 0.0024788$ だから、(4.22) より、

表 4 - 11

x	0	1	2	3	4	5	6
$P(x)$	0.00248	0.01487	0.04462	0.08924	0.13386	0.16063	0.16063
$P(X \leq x)$	0.00248	0.01735	0.06197	0.15121	0.28507	0.44570	0.60633
x	7	8	9	10	11	12	
$P(x)$	0.13768	0.10326	0.06884	0.04130	0.02253	0.01126	
$P(X \leq x)$	0.74401	0.84727	0.91611	0.95741	0.97994	0.99120	

お客が x 人以下である確率が 0.9 以上である x は、上の表から

$$P(X \leq 9) = 0.91611 > 0.9 \qquad \therefore \quad x = 9$$

よって、平日の店員は、5 人だから、$9 - 5 = 4$、4 人たのめばよい。(終)

練習問題 4

[1] 夏のある期間、A 都市の午前中の降水確率は、例年 30 % ぐらいである。今年も例年通り 30 % であると予想して、午前中に雨が降る日数を X としたときの 1 週間の降水確率の分布を求めよ。また、平均と標準偏差も求め

2　B都市の午前中の降水確率が20％の日は，例年1年間のうち，200日ぐらいあるという。今年も例年通りだと予想するとき，午前中の降水確率20％の予報が出た日に雨の降る日数 r が

$$\left|\frac{r}{200} - 0.2\right| < \frac{1}{5}$$

を満たす確率は，ベルヌイの定理より何％以上になるか求めよ。

3　2個のサイコロを同時に投げる試行を600回繰り返したとき，ダブル6の目の出る回数 r が $10 \leqq r \leqq 15$ である確率を求めよ。

4　3000人の生徒がある予備校の模擬テストを受けた。このとき，このテストの点数の分布は平均が55.5，標準偏差が18.5の正規分布 $N(55.5, 18.5)$ にほぼ従っていたとする。このとき次の問に答えよ。人数は小数点以下は切り上げて答えよ。

(1)　70点以下の人は，全体の何％で，何人いるか。

(2)　65点の人の偏差値を求め，およその順位を求めよ。

(3)　50点〜60点の人は，全体の何％で，何人いるか。

5　ある救急病院では，救急患者のための空きベッドを3床確保している。この病院には，1日平均2人の救急患者が運ばれてくる。このとき，次の問に答えよ。

(1)　ベッドが不足し，他の救急病院にまわす確率を求めよ。

(2)　空きベッドを何床増せば，90％以上の救急患者を受け入れられるか。

6　ある製品は500個に1個の割合で不良品が出るという。この製品50個を1箱に詰める。このとき，1箱の中に不良品が0，1，2，3個含まれる確率を求めよ。

§5 資料の整理

1 ── 平均・分散・標準偏差

同じ性質をもつ成分 $X_i (1 \leq i \leq n)$ の集合 $\{x_1, x_2, \cdots, x_n\}$ を**統計資料**（データ；data）といい，その成分の個数 n を**統計の大きさ**という。n 個の統計資料 $\{x_1, x_2, \cdots, x_n\}$ の**平均** $\bar{x}$，**分散** v，**標準偏差** σ は，次のように定義する。

平均・分散・標準偏差

$$\bar{x} = \frac{1}{n}\sum_{i=1}^{n} x_i \tag{5.1}$$

$$v = \frac{1}{n}\sum_{i=1}^{n}(x_i - \bar{x})^2 \tag{5.2}$$

$$\sigma = \sqrt{v} \quad (\text{分散の正の平方根}) \tag{5.3}$$

分散は，平均 $\bar{x}$ からの偏差 $(x_i - \bar{x})$ の平方の和を統計の大きさ n で割った値で，データの散らばりの度合いを表わす。また，データの単位と，平均，標準偏差の単位は同じである。

平均 $\bar{x}$ からの偏差 $(x_i - \bar{x})$

$$\sum_{i=1}^{n}(x_i - \bar{x}) = 0 \tag{5.4}$$

証明 $\displaystyle\sum_{i=1}^{n}(x_i - \bar{x}) = \sum_{i=1}^{n} x_i - \sum_{i=1}^{n} \bar{x} = n\bar{x} - n\bar{x} = 0$ （終）

分散 v について，次の等式が成り立つ．

--- **分散の簡便計算法** ---
$$v = \frac{1}{n}\sum_{i=1}^{n} x_i^2 - \bar{x}^2 \tag{5.5}$$

証明
$$\sum_{i=1}^{n}(x_i - \bar{x})^2 = \sum_{i=1}^{n}(x_i^2 - 2\bar{x}x_i + \bar{x}^2) = \sum_{i=1}^{n} x_i^2 - 2\bar{x}\sum_{i=1}^{n} x_i + \sum_{i=1}^{n} \bar{x}^2$$

$$= \sum_{i=1}^{n} x_i^2 - 2n\bar{x}^2 + n\bar{x}^2 = \sum_{i=1}^{n} x_i^2 - n\bar{x}^2$$

$$v = \frac{1}{n}\sum_{i=1}^{n}(x_i - \bar{x})^2 = \frac{1}{n}\sum_{i=1}^{n} x_i^2 - \bar{x}^2$$

[EC]：v の求め方… x_1 [×] [M+] x_2 [×] [M+] … x_n [×] [M+]
[MR] $\left\{\begin{array}{c}\text{[M−]}\\ \text{[MC]}\end{array}\right\}$ ÷ n [M+] $\bar{x}$ [×] [M−] [MR] （終）
$\underset{i=1}{\overset{n}{\sum}} x_i^2$　　　メモリーを消す　　　　　　　　　　$\underline{v}$

例 5.1　ある地方の 7 月のある 1 週間の最高気温は，次のとおりである．平均と標準偏差を求めよ．

23.7, 18.5, 21.8, 27.6, 30.1, 28.4, 29.1（℃）

解　$n = 7$

$$\bar{x} = \frac{23.7 + 18.5 + \cdots + 29.1}{7} = \frac{179.2}{7} = 25.6(℃)$$

$$v = \frac{23.7^2 + 18.5^2 + \cdots + 29.1^2}{7} - 25.6^2 = 16.11428$$

$$\sigma = \sqrt{16.11428} = 4.0142595 = 4.014(℃)$$

[EC]：v, σ の求め方… 23.7 [×] [M+] 18.5 [×] [M+] … 29.1 [×] [M+]
[MR] $\left\{\begin{array}{c}\text{[M−]}\\ \text{[MC]}\end{array}\right\}$ ÷ 7 [M+] 25.6 [×] [M−] [MR] [√]
4700.32　　　　　　　　　　　　　　　　　　　　16.11428 4.0142595
　　　　メモリーを消す　　　　　　　　　　　　　　　　　　　　　（終）

〈小数の取り扱い〉　平均，標準偏差等の桁数は，データの小数の桁数から 2 桁下がった値まででよい．すなわち，データの小数の桁数から 3 桁下がった

値を四捨五入する。

例5.2 15名の学生のあるテストの得点は，{40, 56, 37, 30, 10, 40, 81, 64, 55, 45, 87, 100, 25, 80, 95} である．平均，分散，標準偏差を求めよ．

解 $n = 15$, $\bar{x} = 56.333333 = 56.33(点)$
$v = 695.6644$, $\sigma = \sqrt{695.6644} = 26.37545 = 26.38(点)$ （終）

2 — 度数分布・相対度数・累積度数

n が大きい統計資料 $\{x_1, x_2, \cdots, x_n\}$ が与えられているとき，これを次のような k 個の区間に分類する．

$$a_0 \sim a_1, \ a_1 \sim a_2, \cdots, a_{k-1} \sim a_k,$$

各区間を**階級**といい，各階級に属する資料の個数 $f_1, f_2, \cdots, f_k$ を示した表を**度数分布表**という．各階級に属する資料の個数を**度数**という．このとき，階級の個数が少なすぎても多すぎても統計資料の本来意味するところが失われる．階級の個数 k の値を決める目安として，資料の大きさ n から求める**スタージェスの公式**がある．

スタージェスの公式

$$k = 1 + \frac{\log_{10} n}{\log_{10} 2} = 1 + 3.32 \log_{10} n \tag{5.6}$$

表5-1 スタージェスの公式による k の値

n	50	100	300	500	1000	5000
k	7	8	9	10	11	14

スタージェスの公式による k の値を一つの目安として，資料の本来の意味を損なわない範囲で，資料を整理しやすい階級数にする．

階級値，階級の幅，累積度数，相対度数，累積相対度数，p % 点を次のように定義する．

階級値 y_j ……各階級の中央の値
$$y_j = (a_j + a_{j-1})/2 \qquad (j = 1, 2, \cdots, k) \tag{5.7}$$
階級の幅 a ……各階級の両端点の差
$$a = a_j - a_{j-1} \tag{5.8}$$
累積度数 F_j ……その階級までの度数の和
$$F_j = f_1 + f_2 + \cdots + f_j \tag{5.9}$$
相対度数……度数を n（資料の大きさ＝度数の総和）で割った数
$$f_j/n \tag{5.10}$$
累積相対度数……累積度数を資料の大きさ n で割った数
$$\frac{F_j}{n} = \frac{f_1 + f_2 + \cdots + f_j}{n} \tag{5.11}$$
P ％点……その値以下のデータが全体の P ％であるデータの値

表 5-2　度数分布表

階級	階級値	度数	相対度数	累積度数	累積相対度数
$a_0 - a_1$	y_1	f_1	f_1/n	f_1	f_1/n
$a_1 - a_2$	y_2	f_2	f_2/n	$f_1 + f_2$	$(f_1 + f_2)/n$
$\vdots$	$\vdots$	$\vdots$	$\vdots$	$\vdots$	$\vdots$
$a_{k-1} - a_k$	y_k	f_k	f_k/n	$f_1 + \cdots + f_k$	$(f_1 + \cdots + f_k)/n$
計		n	1		

$$n = \sum_{i=1}^{k} f_i = f_1 + \cdots + f_k$$

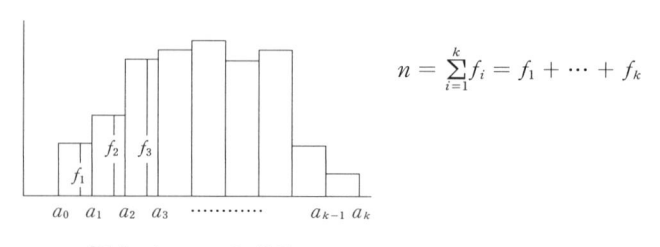

図 5-1　ヒストグラム

　階級値を確率変数，相対度数をその確率とみなすと，相対度数の総和は 1 であるから，相対度数分布表は確率分布である。

表5-3 相対度数分布表

階級値	y_1	y_2	……	y_{k-1}	y_k
相対度数	$\dfrac{f_1}{n}$	$\dfrac{f_2}{n}$	……	$\dfrac{f_{k-1}}{n}$	$\dfrac{f_k}{n}$

$\sum_{i=1}^{k} \dfrac{f_i}{n} = 1$

例5.3 表5-4は，ある女子大生134人の身長の度数分布表である．この表より相対度数，累積度数，累積相対度数分布表を求め，ヒストグラム，および累積度数折れ線で表わせ．

表5-4

階級	146.5～149.5	149.5～152.5	152.5～155.5	155.5～158.5
度数	3	11	34	27
階級	158.5～161.5	161.5～164.5	164.5～167.5	167.5～170.5
度数	28	15	13	3

解 (5.7)，(5.9)～(5.11)より，

表5-5

階級	階級値	度数	相対度数	累積度数	累積相対度数
146.5以上～149.5未満	148	3	0.022	3	0.022
149.5　～152.5	151	11	0.082	14	0.104
152.5　～155.5	154	34	0.254	48	0.358
155.5　～158.5	157	27	0.202	75	0.560
158.5　～161.5	160	28	0.209	103	0.769
161.5　～164.5	163	15	0.112	118	0.881
164.5　～167.5	166	13	0.097	131	0.978
167.5　～170.5	169	3	0.022	134	1.000
計		134	1.000		

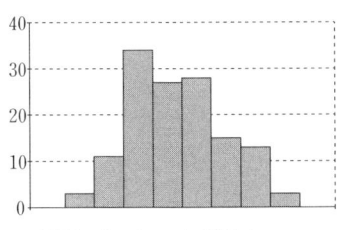

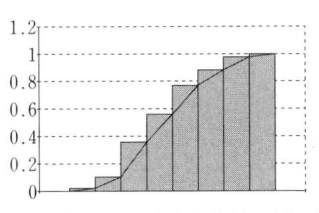

図5-2　ヒストグラム　　　図5-3　累積度数折れ線　（終）

§5　資料の整理

3 ── 度数分布表における平均・分散・標準偏差

度数分布表5-2における変量の値の総和は $\sum_{i=1}^{k} y_i f_i$ だから，(5.1)，(5.2)，(5.5)より，度数分布表における平均・分散・標準偏差は，次式で与えられる。

度数分布表における平均・分散・標準偏差

$$\bar{x} = \frac{1}{n}\sum_{i=1}^{k} y_i f_i = \sum_{i=1}^{k} y_i \cdot \frac{f_i}{n} \tag{5.12}$$

$$v = \frac{1}{n}\sum_{i=1}^{k}(y_i - \bar{x})^2 f_i = \frac{1}{n}\sum_{i=1}^{k} y_i^2 f_i - \bar{x}^2 \tag{5.13}$$

$$\sigma = \sqrt{v} = \sqrt{\frac{1}{n}\sum_{i=1}^{k} y_i^2 f_i - \bar{x}^2} \tag{5.14}$$

これらの式は，$p_i = f_i/n$ とおくと，(3.4)，(3.9)～(3.12)になるから，確率分布の平均・分散・標準偏差と一致する。階級の幅 a が一定のとき，平均に近いと思われる適当な値を仮平均 b にとり，変数 y の一次式の変換

$$u = \frac{y - b}{a} \quad \text{すなわち，} \quad y = au + b \tag{5.15}$$

をすると，(3.5)，(3.20)，(3.21)より，次式が成り立つ。

平均・分散・標準偏差の簡便計算法

階級の幅を a，仮平均を b，変数 y と u の平均，分散をそれぞれ $\bar{x}$，$\bar{x}'$，v，v' とすると，

$$\bar{x} = a\bar{x}' + b \tag{5.16}$$

$$v = a^2 v' = a^2 \left(\frac{1}{n}\sum_{i=1}^{k} u_i^2 f_i - \bar{x}'^2\right) \tag{5.17}$$

$$\sigma = \sqrt{v} = a\sqrt{\frac{1}{n}\sum_{i=1}^{k} u_i^2 f_i - \bar{x}'^2} \tag{5.18}$$

例5.4 仮平均を 157 cm とおいて，例 5.3 の平均，分散，標準偏差を求めよ．

解 $b = 157$(cm)，(5.8) より，$a = 3$ だから，(5.12)，(5.16) より，

表 5 - 6

階級値	度数 f_i	$u_i = \dfrac{y-b}{a}$	$f_i u_i$	$f_i u_i^2$
148	3	-3	-9	27
151	11	-2	-22	44
154	34	-1	-34	34
157	27	0	0	0
160	28	1	28	28
163	15	2	30	60
166	13	3	39	117
169	3	4	12	48
計	134		44	358

$$\bar{x}' = \frac{44}{134}, \quad \bar{x} = 3 \times \frac{44}{134} + 157 = 157.98507 = 157.99 \text{(cm)}$$

(5.17)，(5.18) より

$$v' = \frac{358}{134} - \left(\frac{44}{134}\right)^2 = 2.5638226$$

$$v = 3^2 \times 2.5638226 = 23.074403, \quad \sigma = 4.8035823 = 4.80 \text{(cm)}$$

$\boxed{\text{EC}}$：v' の求め方⋯⋯358 $\boxed{\div}$ 134 $\boxed{\text{M+}}$ 44 $\boxed{\div}$ 134 $\boxed{\times}$ $\boxed{\text{M}-}$ $\boxed{\text{MR}}$

2.5638226

（終）

4 — 資料の代表値

資料の性質を表わす平均 (mean)・分散・標準偏差以外の主な代表値を次にあげる．

> 最大値 L・最小値 l ⋯⋯データの中で一番大きい値 L と小さい値 l
> レンジ R（範囲 range）⋯⋯最大値と最小値の差
> 　階級化されないデータを大きさの順に並べたときの，最大値と最小値

§5 資料の整理

の差

$$\text{範囲 } R = (最大値) - (最小値) \tag{5.19}$$

メジアン Md（中央値 median）……データの真ん中の値

データを大きさの順に並べ換えたとき，ちょうど真ん中にくる値

$$\begin{aligned} n = 2m + 1 \quad &\text{のとき} \quad x_{m+1} \\ n = 2m \quad &\text{のとき} \quad (x_m + x_{m+1})/2 \end{aligned} \tag{5.20}$$

度数分布表で $\sum_{i=1}^{j-1} f_i \leq \dfrac{n}{2} < \sum_{i=1}^{j} f_i$ である j に対して，$a_{j-1} = y_j - \dfrac{a}{2}$ より，

$$Md = a_{j-1} + \frac{a}{f_j}\{0.5n - (f_1 + f_2 + \cdots + f_{j-1})\} \tag{5.21}$$

（a：階級の幅）

モード Mo（最頻値 mode）……もっともたびたび現われる値，データの中で度数のもっとも多い値

ミッドレンジ Mr（中間点 mid-range）……分布の範囲の中間値

$$中間点 \; Mr = \frac{1}{2}\{(最大値) + (最小値)\} \tag{5.22}$$

平均（mean）・中央値（median）・最頻値（mode）と分布の型には，次のような関係がある。

(a) 左右対称な分布……mean＝median＝mode

(b) 正（右）に歪んだ分布……mode＜medean＜mean（辞書と逆の順）
（山が左にあり右に長く裾を引く分布）

(c) 負（左）に歪んだ分布……mean＜medean＜mode（辞書の順）
（山が右にあり左に長く裾を引く分布）

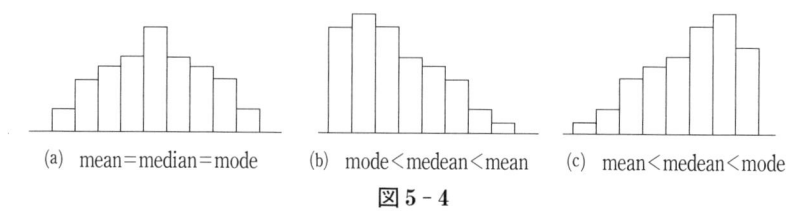

(a) mean＝median＝mode　　(b) mode＜medean＜mean　　(c) mean＜medean＜mode

図 5-4

例 5.5 例 5.3 の中央値と最頻値を求め(b)が成り立つことを確かめよ。

解 累積度数分布より, $\sum_{i=1}^{3} f_i = 48$, $\sum_{i=1}^{4} f_i = 75$ だから, $j = 4$ である。よって, $y_4 = 157$, $a = 3$, $n = 134$, $f_4 = 27$ を, (5.21)に代入して,
$$Md = 155.5 + \frac{3}{27} \cdot \{0.5 \cdot 134 - 48\} = 157.61111 = 157.61 \text{(cm)}$$

EC: Md の求め方…155.5 M+ 0.5 × 134 − 48 × 3 ÷ 27
　　　 M+ MR
　　　 157.6111

度数分布表より, $Mo = 154\text{(cm)}$,

例 5.4 より, 平均 (mean) は, $\bar{x} = 157.99\text{(cm)}$

よって, mode＜medean＜mean　　　　　　　　　　　　　　　　(終)

練習問題 5

1 ある学校の 1 年生 45 名の 1 学期の期末テストの数学の点数は, 次のような結果であった。

85	35	56	39	41	66	60	59	31	72	66	47
78	75	61	74	60	48	63	27	63	73	46	62
74	86	60	56	45	57	40	48	48	51	70	71
52	77	74	55	47	67	44	77	63

(1) この変量のレンジを求めよ。

(2) スタージェスの公式を目安にして, 階級の幅と階級数を決めて, 度数分布表をつくれ。

(3) 仮平均を利用して平均と分散を求めよ。

(4) メジアン, モードを求めよ。

2 表 5-7 の女子学生 270 人の身長の平均, 分散, 標準偏差を, 度数分布表を作成して求めよ。

表5-7 女子学生270人の身長と理想の男性との身長差のデータ

番号	身長	差	番号	身長	差	番号	身長	差	番号	身長	差	番号	身長	差	番号	身長	差
1	169	10	46	158	17	91	161	15	136	162	11	181	158	22	226	162	20
2	160	20	47	164	13	92	162	15	137	160	20	182	153	18	227	156	13
3	157	15	48	156	15	93	158	16	138	150	23	183	158	15	228	153	20
4	160	10	49	160	20	94	159	20	139	156	13	184	155	20	229	160	15
5	154	20	50	159	13	95	154	15	140	159	20	185	158	20	230	164	9
6	157	22	51	166	20	96	164	15	141	167	13	186	159	20	231	161	19
7	152	15	52	157	17	97	160	15	142	159	15	187	152	15	232	157	5
8	158	14	53	153	20	98	155	18	143	153	18	188	155	18	233	165	13
9	156	15	54	159	22	99	153	30	144	154	20	189	166	12	234	167	10
10	154	15	55	154	21	100	165	12	145	153	19	190	153	15	235	154	20
11	156	13	56	154	12	101	153	11	146	159	15	191	166	10	236	157	20
12	161	16	57	156	15	102	159	15	147	155	18	192	156	25	237	158	18
13	154	21	58	158	23	103	158	15	148	152	19	193	154	15	238	170	15
14	152	15	59	159	15	104	160	10	149	154	20	194	147	17	239	147	15
15	148	28	60	155	19	105	159	15	150	160	13	195	163	14	240	159	15
16	158	17	61	164	18	106	160	18	151	163	10	196	154	22	241	161	15
17	157	20	62	154	20	107	159	20	152	155	20	197	166	15	242	155	20
18	155	20	63	161	13	108	157	13	153	154	21	198	151	19	243	155	25
19	151	23	64	156	17	109	151	24	154	166	15	199	154	17	244	167	15
20	165	10	65	150	19	110	164	15	155	165	17	200	163	15	245	159	12
21	157	20	66	153	20	111	165	10	156	153	10	201	167	5	246	150	20
22	156	12	67	162	10	112	160	15	157	154	17	202	151	20	247	168	10
23	164	15	68	157	25	113	159	16	158	160	18	203	169	8	248	154	22
24	165	13	69	171	3	114	169	10	159	159	16	204	159	10	249	161	9
25	156	15	70	155	20	115	160	23	160	159	16	205	160	15	250	164	7
26	160	13	71	160	17	116	161	14	161	171	5	206	152	23	251	160	20
27	152	20	72	167	7	117	153	15	162	163	13	207	154	12	252	162	20
28	154	15	73	159	20	118	157	23	163	160	11	208	156	20	253	156	20
29	152	26	74	157	18	119	156	15	164	152	15	209	154	21	254	168	15
30	159	15	75	155	19	120	152	18	165	151	20	210	156	19	255	152	20
31	173	13	76	157	18	121	159	12	166	153	10	211	149	18	256	160	15
32	153	18	77	170	10	122	164	12	167	157	15	212	165	10	257	164	17
33	164	10	78	151	25	123	154	17	168	162	16	213	164	14	258	168	3
34	161	19	79	158	13	124	154	22	169	159	13	214	155	20	259	157	23
35	155	20	80	160	15	125	156	16	170	167	17	215	150	21	260	160	14
36	159	18	81	152	20	126	156	15	171	173	10	216	162	10	261	158	7
37	157	17	82	164	12	127	163	5	172	157	20	217	156	15	262	155	15
38	154	18	83	159	12	128	158	15	173	162	14	218	164	15	263	157	20
39	150	16	84	167	15	129	153	15	174	153	20	219	154	20	264	156	25
40	156	12	85	157	23	130	155	23	175	162	13	220	158	20	265	154	12
41	160	15	86	156	7	131	163	17	176	154	20	221	153	17	266	155	17
42	156	15	87	163	12	132	167	10	177	157	18	222	154	20	267	159	15
43	167	13	88	151	25	133	162	13	178	150	25	223	154	15	268	152	23
44	164	15	89	170	10	134	165	15	179	164	10	224	157	22	269	153	25
45	171	7	90	164	12	135	155	20	180	154	15	225	154	20	270	158	15

§6 相関

1 — 相関図（散布図）

これまでは，統計資料（データ）として単一の変量について考えてきたが，ここでは，2種類の変量についてその間の関係を調べる方法を述べる。

n 個の資料の2種類の変量，たとえば，n 人の身長と体重とか，入学試験の点数と卒業試験の点数とかについて調べたデータを (x_1, y_1), (x_2, y_2), $\cdots$, (x_n, y_n) とする。これを xy 平面に，n 個の点として図示したものを，**相関図（散布図）** という。相関図は次の三つの場合に大きく分けられる。

> (a) 正の相関がある……一方が増加するとき，他方も増加する傾向にあるとき
> (b) 負の相関がある……一方が増加するとき，他方が減少する傾向にあるとき
> (c) 相関がない…………一方の増減が他方にまったく関係ないとき
>
> (a) 正の相関がある　　(b) 負の相関がある　　(c) 相関がない
>
> 図6-1　相関図（散布図）

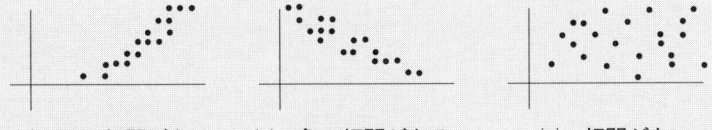

2 — 共分散と相関係数

n 個の資料の 2 種類の変量 x, y について調べたデータを

$$(x_1,\ y_1),\ (x_2,\ y_2),\ \cdots\cdots,\ (x_n,\ y_n)$$

とし，x, y の平均をそれぞれ $\bar{x}$, $\bar{y}$，標準偏差を σ_x, σ_y とする。このとき，x と y の間の分散と相関の度合いを表わす**共分散 C_{xy}** と**相関係数 r_{xy}** を次のように定義する。

共分散 C_{xy} と相関係数 r_{xy}

$$C_{xy} = \frac{1}{n}\sum_{i=1}^{n}(x_i - \bar{x})(y_i - \bar{y}) \tag{6.1}$$

$$r_{xy} = \frac{C_{xy}}{\sigma_x \sigma_y} \tag{6.2}$$

（参考） 2つの確率変数 X, Y についても，共分散と相関係数は (6.1)，(6.2) と同様に定義される。

共分散は，$x = y$ のとき，分散 (5.2) になる。(5.5) と同様に，共分散について，次式が成り立つ。

$$C_{xy} = \frac{1}{n}\sum_{i=1}^{n} x_i y_i - \bar{x}\bar{y} \tag{6.3}$$

証明 $(1.7) \sim (1.9)$，(5.1) より，

$$\begin{aligned}
\sum_{i=1}^{n}(x_i - \bar{x})(y_i - \bar{y}) &= \sum_{i=1}^{n}(x_i y_i - \bar{x} y_i - x_i \bar{y} + \bar{x}\bar{y}) \\
&= \sum_{i=1}^{n} x_i y_i - \bar{x}\sum_{i=1}^{n} y_i - \bar{y}\sum_{i=1}^{n} x_i + \bar{x}\bar{y}\sum_{i=1}^{n} 1 \\
&= \sum_{i=1}^{n} x_i y_i - n\bar{x}\bar{y} - n\bar{x}\bar{y} + n\bar{x}\bar{y} \\
&= \sum_{i=1}^{n} x_i y_i - n\bar{x}\bar{y}
\end{aligned}$$

両辺を n で割ると

$$C_{xy} = \frac{1}{n}\sum_{i=1}^{n} x_i y_i - \bar{x}\bar{y}$$ (終)

また，確率変数の一次式の平均・分散・標準偏差と同様に，変量 x, y が，それぞれ，変量 u, w の一次式で表わされているとき，次式が成り立つ．

> $x = au + b$, $y = cw + d$ ($a>0, c>0$) のとき，
> $$C_{xy} = acC_{uw} \tag{6.4}$$
> $$r_{xy} = r_{uw} \tag{6.5}$$

証明 u, w の平均・標準偏差をそれぞれ，$\bar{u}$, $\bar{w}$, σ_u, σ_w とすると，(3.5), (3.21) より，

$$\bar{x} = a\bar{u} + b, \quad \bar{y} = c\bar{w} + d \tag{6.6}$$
$$\sigma_x = a\sigma_u, \quad \sigma_y = c\sigma_w \tag{6.7}$$

(6.6), (1.8) より，

$$\sum_{i=1}^{n}(x_i - \bar{x})(y_i - \bar{y})$$
$$= \sum_{i=1}^{n}\{(au_i + b) - (a\bar{u} + b)\}\{(cw_i + d) - (c\bar{w} + d)\}$$
$$= \sum_{i=1}^{n} a(u_i - \bar{u})c(w_i - \bar{w}) = ac\sum_{i=1}^{n}(u_i - \bar{u})(w_i - \bar{w})$$

両辺を n で割ると，

$$C_{xy} = acC_{uw}$$

(6.4), (6.7) を，(6.2) に代入して，

$$r_{xy} = \frac{C_{xy}}{\sigma_x \sigma_y} = \frac{acC_{uw}}{a\sigma_u c\sigma_w} = \frac{C_{uw}}{\sigma_u \sigma_w} = r_{uw} \tag{終}$$

相関係数の最大値は 1，最小値は -1 である．

> $$-1 \leqq r_{xy} \leqq 1 \tag{6.8}$$

証明 α, β を任意の実数とすると，

$$0 \leqq \sum_{i=1}^{n}\{\alpha(x_i - \bar{x}) + \beta(y_i - \bar{y})\}^2$$

$$= \alpha^2 \sum_{i=1}^{n}(x_i - \bar{x})^2 + 2\alpha\beta \sum_{i=1}^{n}(x_i - \bar{x})(y_i - \bar{y}) + \beta^2 \sum_{i=1}^{n}(y_i - \bar{y})^2$$

この式は,任意の α, β に対して成り立つから,α についての二次方程式とみなすと,判別式 D は 0 以下だから

$$\frac{D}{4} = \{\beta \sum_{i=1}^{n}(x_i - \bar{x})(y_i - \bar{y})\}^2 - \beta^2\{\sum_{i=1}^{n}(x_i - \bar{x})^2\}\{\sum_{i=1}^{n}(y_i - \bar{y})^2\}$$

$$\leqq 0$$

$$\{\sum_{i=1}^{n}(x_i - \bar{x})(y_i - \bar{y})\}^2 \leqq \{\sum_{i=1}^{n}(x_i - \bar{x})^2\}\{\sum_{i=1}^{n}(y_i - \bar{y})^2\}$$

両辺を n^2 で割ると,(5.2),(5.3),(6.1) より,

$$C_{xy}{}^2 \leqq \sigma_x{}^2 \sigma_y{}^2 \qquad \therefore \quad r_{xy}{}^2 \leqq 1$$

よって, $-1 \leqq r_{xy} \leqq 1$ (終)

次に,2つの変量のデータが下のような度数分布表で与えられているときを考える。この表を,**相関表**といい,a_{ij} を (x_i, y_j) の**共度数**という。

表 6 - 1

x \ y	y_1	y_2	……	y_j	……	y_m	横計
x_1	a_{11}	a_{12}	……	a_{1j}	……	a_{1m}	f_1
x_2	a_{21}	a_{22}	……	a_{2j}	……	a_{2m}	f_2
⋮	⋮	⋮		⋮		⋮	⋮
x_i	a_{i1}	a_{i2}	……	a_{ij}	……	a_{im}	f_i
⋮	⋮	⋮		⋮		⋮	⋮
x_k	a_{k1}	a_{k2}	……	a_{kj}	……	a_{km}	f_k
縦計	g_1	g_2	……	g_j	……	g_m	n

$$f_i = \sum_{j=1}^{m} a_{ij} \tag{6.9}$$

$$g_j = \sum_{i=1}^{k} a_{ij} \tag{6.10}$$

$$n = \sum_{i=1}^{k} f_i = \sum_{j=1}^{m} g_j$$

このとき,共分散 C_{xy} と相関係数 r_{xy} は,(6.1)〜(6.3) より,次式で与

えられる。

相関表における共分散 C_{xy} と相関係数 r_{xy}

$$C_{xy} = \frac{1}{n}\sum_{i=1}^{k}\sum_{j=1}^{m}(x_i - \bar{x})(y_j - \bar{y})a_{ij}$$

$$= \frac{1}{n}\sum_{i=1}^{k}\sum_{j=1}^{m}x_i y_j a_{ij} - \bar{x}\bar{y} \qquad (6.11)$$

$$r_{xy} = \frac{C_{xy}}{\sigma_x \sigma_y} = \frac{1}{\sigma_x \sigma_y}\left\{\frac{1}{n}\sum_{i=1}^{k}\sum_{j=1}^{m}x_i y_j a_{ij} - \bar{x}\bar{y}\right\} \qquad (6.12)$$

相関表から仮平均を用いて相関係数を求める方法を，次の例で説明する。

例 6.1 統計学を履修している女子大生 134 人について，身長と結婚相手に望む理想の男性との身長差を調べたら，次のような相関表ができた。このデータから，身長 x と身長差 y の相関係数を求めよ。

表 6-2

x ＼ y	4.5~7.5	7.5~10.5	10.5~13.5	13.5~16.5	16.5~19.5	19.5~22.5	22.5~25.5	25.5~28.5	28.5~31.5
146.5~149.5				1	1			1	
149.5~152.5				3	1	4	3		
152.5~155.5		1		6	6	19	1		1
155.5~158.5	1		5	7	5	6	3		
158.5~161.5		3	2	13	2	8			
161.5~164.5		4	1	8	1	1			
164.5~167.5	1	4	4	3					
167.5~170.5		2							

解 x, y の仮平均をそれぞれ $b = 157$(cm)，$d = 18$(cm) とすると，階級の幅は $a = c = 3$(cm) であるから，以下の手順で計算表をつくる。

〔相関係数を求めるための計算表のつくり方〕

(1) (6.9)，(6.10) より，横行，縦行の和① f_i，⑦ g_j を求める。

(2) 仮平均を 0 とし，階級値の大きいほうには，0 から順に 1, 2, 3, …小さいほうには $-1, -2, -3, \cdots$ を②，⑧に入れる。

(3) ③＝①×②，⑨＝⑦×⑧ を計算し，それぞれの総和を求める。

(4) ④＝②×③，⑩＝⑧×⑨ を計算し，それぞれの総和を求める。

(5) ⑤ $\sum_{j=1}^{m} a_{ij}w_j$ …… j 行目の共度数 a_{ij} と⑧行目の w_j の積の和

   {⑤の総和}＝{⑨の総和}

   例：3 行目の計算……$1 \times (-3) + 6 \times (-1) + 19 \times 1 + 1 \times 2 +$
   $1 \times 4 = 16$

(6) ⑪ $\sum_{i=1}^{k} a_{ij}u_i$ …… i 列目の共度数 a_{ij} と②列目の u_i の積の和

   {⑪の総和}＝{③の総和}

   例：3 列目の計算……$5 \times 0 + 2 \times 1 + 1 \times 2 + 4 \times 3 = 16$

(7) ⑥＝②×⑤，⑫＝⑧×⑪を計算し，それぞれの総和が一致することを確かめる。

表 6-3

	6	9	12	15	18	21	24	27	30	① f_i	② u_i	③ f_iu	④ f_iu^2	⑤ Σaw	⑥ Σauw
148				1	1		1			3	−3	−9	27	2	−6
151				3	1	4	3			11	−2	−22	44	7	−14
154		1		6	6	19	1		1	34	−1	−34	34	16	−16
157	1		5	7	5	6	3			27	0	0	0	−9	0
160		3	2	13	2	8				28	1	28	28	−18	−18
163		4	1	8	1	1				15	2	30	60	−21	−42
166	1	4	4	3						13	3	39	117	−26	−78
169		2		1						3	4	12	48	−7	−28
⑦ g_j	2	14	12	42	16	39	7	1	1	134		44	358	−56	−202
⑧ w	−4	−3	−2	−1	0	1	2	3	4						
⑨ g_jw	−8	−42	−24	−42	0	39	14	3	4	−56					
⑩ g_jw^2	32	126	48	42	0	39	28	9	16	337					
⑪ Σau	3	30	16	27	−7	−14	−7	−3	−1	44					
⑫ Σauw	−12	−90	−32	−27	0	−14	−14	−9	−4	−202					

(5.12)，(5.14)，(6.11)，(6.12)より，$\bar{u}$，$\bar{w}$，σ_u，σ_w，C_{uw}，r_{uw} は，

$$\bar{u} = \frac{44}{134}, \quad \sigma_u^2 = \frac{358}{134} - \left(\frac{44}{134}\right)^2 = 2.5638226 \quad \sigma_u = 1.601$$

$$\bar{w} = -\frac{56}{134}, \quad \sigma_w^2 = \frac{337}{134} - \left(-\frac{56}{134}\right)^2 = 2.3402760 \quad \sigma_w = 1.530$$

$$C_{uw} = \frac{-202}{134} - \frac{44}{134} \times \left(-\frac{56}{134}\right) = -1.3702383 = -1.370$$

$$r_{uw} = \frac{-1.370}{1.601 \times 1.530} = -0.55929 = -0.559$$

(6.5) より， $r_{xy} = -0.559$

よって，負の相関があり，背の高い人ほど，身長差の少ない人を希望する傾向があることがわかる。　　　　　　　　　　　　　　　　　　　　　　(終)

〈相関係数の桁数〉　(6.8)を満たすから，**小数第 3 位**まで求める。

(参考) (1)〜(4)は，度数分布表で平均，標準偏差を求める手順である。

3 — 回 帰 直 線

正または，負の相関があるとき，相関図の点はある直線の周囲に集まっている。この直線を，次のような方法で求める。これを，**最小二乗法**という。

最小二乗法

x, y の平均 $(\bar{x}, \bar{y})$ を通り各点 (x_i, y_i) からこの直線 $y = mx + b$ までの y 軸に平行な直線に沿っての距離 d_i の 2 乗の和 D^2 を最小にする m と b を求める。

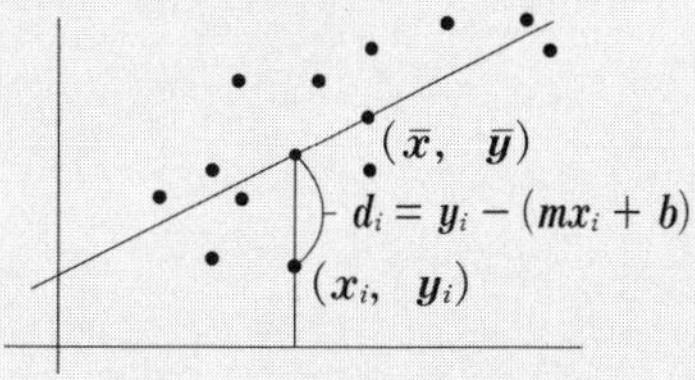

$$D^2 = \sum_{i=1}^{n} d_i^2 = \sum_{i=1}^{n} \{y_i - (mx_i + b)\}^2$$

m と b は，次式を満たす。

$$m = \frac{C_{xy}}{\sigma_x^2} = \frac{r_{xy}\sigma_y}{\sigma_x},$$

$$b = \bar{y} - \frac{r_{xy}\sigma_y}{\sigma_x}\bar{x}$$

図 6 - 2

証明
$$D^2 = \sum_{i=1}^{n}\{(y_i - \bar{y}) - m(x_i - \bar{x}) + (\bar{y} - m\bar{x} - b)\}^2$$

$$= \sum_{i=1}^{n}\{(y_i - \bar{y})^2 + m^2(x_i - \bar{x})^2 + (\bar{y} - m\bar{x} - b)^2$$

$$- 2m(y_i - \bar{y})(x_i - \bar{x}) - 2m(x_i - \bar{x})(\bar{y} - m\bar{x} - b)$$

$$+ 2(y_i - \bar{y})(\bar{y} - m\bar{x} - b)\}$$
$$= \sum_{i=1}^{n}(y_i - \bar{y})^2 + m^2\sum_{i=1}^{n}(x_i - \bar{x})^2 + (\bar{y} - m\bar{x} - b)^2\sum_{i=1}^{n}1$$
$$- 2m\sum_{i=1}^{n}(y_i - \bar{y})(x_i - \bar{x})$$
$$- 2m(\bar{y} - m\bar{x} - b)\sum_{i=1}^{n}(x_i - \bar{x})$$
$$+ 2(\bar{y} - m\bar{x} - b)\sum_{i=1}^{n}(y_i - \bar{y})$$

(5.2),(5.3) より, $\sum_{i=1}^{n}(x_i - \bar{x})^2 = n\sigma_x^2$, $\sum_{i=1}^{n}(y_i - \bar{y})^2 = n\sigma_y^2$

(1.9),(6.1) より, $\sum_{i=1}^{n}1 = n$, $\sum_{i=1}^{n}(y_i - \bar{y})(x_i - \bar{x}) = nC_{xy}$

(5.4) より, $\sum_{i=1}^{n}(x_i - \bar{x}) = 0$, $\sum_{i=1}^{n}(y_i - \bar{y}) = 0$

これを代入して,
$$D^2 = n\{\sigma_y^2 + m^2\sigma_x^2 + (\bar{y} - m\bar{x} - b)^2 - 2mC_{xy}\}$$
m についての二次式と考えて平方完成すると,
$$D^2 = n\left\{\sigma_x^2\left(m - \frac{C_{xy}}{\sigma_x^2}\right)^2 + (\bar{y} - m\bar{x} - b)^2 + \sigma_y^2 - \frac{C_{xy}^2}{\sigma_x^2}\right\}$$

$\sigma_x^2\left(m - \frac{C_{xy}}{\sigma_x^2}\right)^2 \geqq 0$, $(\bar{y} - m\bar{x} - b)^2 \geqq 0$ で $\left(\sigma_y^2 - \frac{C_{xy}^2}{\sigma_x^2}\right)$ は, m, b に無関係な定数だから, D^2 を最小にする m, b は,
$$m - \frac{C_{xy}}{\sigma_x^2} = 0, \qquad \bar{y} - m\bar{x} - b = 0$$

よって, $\qquad m = \dfrac{C_{xy}}{\sigma_x^2} = \dfrac{r_{xy}\sigma_y}{\sigma_x}, \qquad b = \bar{y} - \dfrac{r_{xy}\sigma_y}{\sigma_x}\bar{x}$ (終)

最小二乗法によって得られた直線を y の x に対する**回帰直線**といい, x から y を推定するのに用いる。x と y を入れ替えると x の y に対する回帰直線が求まる。

―― 回帰直線の方程式 ――

x に対する y の回帰直線の方程式は相関係数を r とすると,

$$y - \bar{y} = \frac{r\sigma_y}{\sigma_x}(x - \bar{x}) \tag{6.13}$$

y に対する x の回帰直線の方程式は,

$$x - \bar{x} = \frac{r\sigma_x}{\sigma_y}(y - \bar{y}) \tag{6.14}$$

例 6.2 例 6.1 の x に対する y の回帰直線の方程式を求めよ。また,175 cm の女子大生は,およそ何 cm の身長差を希望すると推定されるか求めよ。

解 例 5.4, 例 6.1 と (5.16), (5.18) より,$\bar{x}$, $\bar{y}$, r, σ_x, σ_y は,

$$\bar{x} = 157.99 \text{(cm)},$$

$$\bar{y} = 3 \times \left(-\frac{56}{134}\right) + 18 = 16.746269 = 16.75 \text{(cm)}$$

$$r = -0.559, \quad \sigma_x = 3 \times 1.601 = 4.803,$$

$$\sigma_y = 3 \times 1.530 = 4.590$$

よって,(6.13) より,

$$m = -0.5342098 = -0.53$$

$$y - 16.75 = -0.53(x - 157.99)$$

$$\therefore \quad y = -0.53x + 100.48 \tag{6.15}$$

$x = 175$ を (6.15) に代入して,

$$y = -0.53 \times 175 + 100.48 = 7.73 \text{(cm)}$$

およそ 8 cm と推定される。 (終)

練習問題 6

[1] 表 6-4 は,あるクラスの生徒 10 人の 1 年の 1 学期の成績 x と,3 年の 2 学期の成績 y である。これらの成績について相関係数を求めよ。

表 6-4

番号	x	y	番号	x	y	番号	x	y	番号	x	y	番号	x	y
1	85	75	2	84	66	3	58	58	4	68	66	5	88	57
6	56	50	7	84	76	8	78	66	9	60	62	10	59	68

2 A女子大の女子学生137人について,例6.1と同じ調査をしたところ,次のような相関表ができた。次の問に答えよ。

(1) このデータから身長 x と身長差 y の相関係数を求めよ。

(2) x に対する y の回帰直線の方程式を求めよ。

表 6-5

x \ y	1.5~4.5	4.5~7.5	7.5~10.5	10.5~13.5	13.5~16.5	16.5~19.5	19.5~22.5	22.5~25.5	25.5~28.5
146.5~149.5							1		
149.5~152.5			1		2	1	5	4	1
152.5~155.5			2	1	5	4	12	2	
155.5~158.5		2	1	2	10	5	8	2	
158.5~161.5			4	3	14	2	3	1	
161.5~164.5	1	1	4	7	7		1		
164.5~167.5		1	2	1	4				
167.5~170.5	1		3	1					
170.5~173.5	1	2	1	1					

3 表6-6は,あるクラスの学生45人の前期試験の成績 x と,後期試験の成績 y である。これらの成績について相関表をつくり,相関係数を求めよ。また,x に対する y の回帰直線の方程式を求めよ。

表 6-6

番号	x	y	番号	x	y	番号	x	y	番号	x	y	番号	x	y
1	85	81	10	70	81	19	72	64	28	71	66	37	71	38
2	80	95	11	88	58	20	62	50	29	78	66	38	76	75
3	84	64	12	76	82	21	56	34	30	79	88	39	60	55
4	75	93	13	83	55	22	83	58	31	80	58	40	68	62
5	70	86	14	70	60	23	73	57	32	59	47	41	56	60
6	44	56	15	58	52	24	84	65	33	78	57	42	63	65
7	89	93	16	68	54	25	79	86	34	56	74	43	59	55
8	94	80	17	88	85	26	91	86	35	80	52	44	89	71
9	69	68	18	69	67	27	61	57	36	81	82	45	56	50

§7 推定と検定

1 — 母集団と標本抽出

個々のものについては規則性はなくても，その集団全体について成り立つ規則性を，**統計的法則**という。統計的法則を見つけるには，国勢調査や学校の身体測定などのように，全部を調べる**全数調査**と，製品の品質検査や，耐久性の検査などのように，一部を調べて全体を推測する**標本調査**がある。調査の対象となる集団全体を**母集団**という。

ここでは，標本調査によるデータの分析などで，母集団の統計的法則の推測や標本の検定の方法について述べる。調査のために母集団から取り出されたデータを**標本**，その個数を，**標本の大きさ**という。標本は，母集団から無作為に取り出すことが必要である。これを，**(無作為) 標本抽出**という。このことによって，個々のデータが，等しい確率で互いに独立に抽出される。そのための一般的の方法として，乱数さいや乱数表を使うことが多い。

例7.1 乱数表を用いて表 5 - 7 から無作為に 15 の標本を抽出せよ。

解 選び方の例として，次のような方法がある。
(1) 数表#9 のその 1，その 2 のどちらを使うかをサイコロで決める。
(2) どのブロックを使うかサイコロを 2 回振って決める。
(3) サイコロを 2 回振ってそのブロックのどの数からはじめるか決める。
 そこから 3 桁ずつ選んで，該当しない数と前に出た数を除いて，順次得

られる 15 個の番号を標本にする。

サイコロを振った数が次のようになったとすると,
$$1-4-5-2-4$$
偶数はその 1, 奇数はその 2 を使うことにすれば, その 2 を使うことになる。行の数, 列の数を次に出てきたサイコロの数で決めると, 4 行 5 列のブロックの 2 行 4 列の数からはじめればよいことになる。3 桁の数を 4 行目, 5 行目と順に 15 個選ぶ。

  257, 445, 114, 138, 426, 694, 140, 234, 917, 935, 025,
  190, 075, 784, 630, 951, 964, 380, 310, 112, 691, 696,
  276, 855, 476, 034, 457, 039, 854, …

該当する番号は, 次の 15 個である。

  257, 114, 138, 140, 234, 025, 190, 075, 112, 034, 039,
  232, 100, 262, 126   (終)

母集団 $B = \{x_1, x_2, \cdots, x_k \cdots\}$ から, 何度も無作為に n 個の標本を取り出すとする。このとき, その確率変数を $X_1, X_2, \cdots, X_n$ とするとき, その平均値 $\bar{X}$, 分散 S^2, 標準偏差 S をそれぞれ**標本平均**, **標本分散**, **標本標準偏差**という。(5.1)〜(5.3), (5.5) より,

$$\bar{X} = \frac{1}{n}\sum_{i=1}^{n} X_i, \quad S^2 = \frac{1}{n}\sum_{i=1}^{n}(X_i - \bar{X})^2 = \frac{1}{n}\sum_{i=1}^{n} X_i^2 - \bar{X}^2 \quad (7.1)$$

例 7.2 例 7.1 の標本の身長の標本平均, 標本分散, 標本標準偏差を求めよ。

解 標本の身長は

  164, 169, 150, 159, 167, 156, 153, 155, 160, 161, 150,
  157, 165, 155, 156

標本平均, 標本分散, 標本標準偏差は,

$$\bar{X} = 158.4666 = 158.47 \text{(cm)}, \quad S^2 = 31.87, \quad S = 5.65$$

  [EC]: v, σ の求め方……p.56 参照。   (終)

標本平均 $\bar{X}$ も確率変数であり，$\bar{X}$ の平均と分散は次式を満たす。

標本平均の平均と分散

母平均 $E(X) = m$，母分散 $V(X) = \sigma^2$ の無限母集団から抽出された大きさ n の標本 X_1, X_2, $\cdots$, X_n の標本平均 $\bar{X}$ の平均と分散は

$$E(\bar{X}) = m, \qquad V(\bar{X}) = \frac{\sigma^2}{n} \tag{7.2}$$

証明 各 $X_i (i = 1, 2, \cdots, n)$ は，標本の取り方によって異なる実現値をそれぞれとり得るが，無作為に取り出されているから互いに独立である。また，その確率分布も母集団の確率分布と同じであるから

$$E(X_1) = E(X_2) = \cdots = E(X_n) = E(X) = m \tag{7.3}$$
$$V(X_1) = V(X_2) = \cdots = V(X_n) = V(X) = \sigma^2 \tag{7.4}$$

よって，標本平均 $\bar{X}$ の平均は，(7.1), (3.7), (7.3) より，

$$E(\bar{X}) = \frac{1}{n} \{ E(X_1) + E(X_2) + \cdots + E(X_n) \} = m$$

標本平均の分散 $V(\bar{X})$ は，各 $X_i (i = 1, 2, \cdots, n)$ が，互いに独立であるから (3.15), (3.20), (7.4) より，

$$V(\bar{X}) = \frac{1}{n^2} \{ V(X_1) + V(X_2) + \cdots + V(X_n) \} = \frac{1}{n} \sigma^2 \qquad \text{(終)}$$

これは，標本値（標本抽出によって得られたデータの値）を x_1, x_2, x_3, $\cdots$, x_n とするとき，n を十分大きくとると，$\bar{X}$ の標本値 $\bar{x} = \sum_{i=1}^{n} x_i$ が，母平均 m のまわりに集まってくることを表わしている。したがって，標本平均 $\bar{X}$ の標本値 $\bar{x}$ を，母平均の推定値と考えることができる。

特に，母集団が正規分布に従っているとき，**正規母集団**といい (7.2) より，次のことが成り立つ。

正規母集団の標本平均の分布

正規母集団 $N(m, \sigma^2)$ から抽出された大きさ n の標本の標本平均 $\bar{X}$ の分布は，正規分布 $N(m, \sigma^2/n)$ に従う。また，$\bar{X}$ を標準化変換 (3.22) をして，

$$Z = \frac{\bar{X} - m}{\frac{\sigma}{\sqrt{n}}} = \frac{\sqrt{n}(\bar{X} - m)}{\sigma} \tag{7.5}$$

とすると，Z の分布は，標準正規分布 $N(0, 1)$ である。

2 ── 不偏推定量

一般に，母平均や母分散のように母集団を特徴づけている値を，**母数**といい θ で表わし，**不偏推定量**を次のように定義する。

不偏推定量

母集団の未知母数 θ とその推定量 $\hat{\theta}$ が，
$$E(\hat{\theta}) = \theta \tag{7.6}$$
を満たすとき，すなわち確率変数 $\hat{\theta}$ の平均が未知母数 θ に等しいとき，不偏推定量という。

(7.6)より，$\hat{\theta}$ の確率分布の中心的値である平均が未知母数 θ なのだから $\hat{\theta}$ は，θ に対して偏った値をとらないという意味で不偏推定量という。(7.2)より，標本平均は，母平均の不偏推定量であるが，標本分散は，母分散の不偏推定量ではない。母分散の不偏推定量は，次のようにして求められる。

不偏分散

母分散 σ^2 の不偏推定量は，
$$U^2 = \frac{1}{n-1}\sum_{i=1}^{n}(X_i - \bar{X})^2 = \frac{n}{n-1}S^2 \tag{7.7}$$
で与えられ，これを不偏分散という。

証明 (7.1)，(3.7)，(3.5)より，
$$E(U^2) = E\left\{\frac{1}{n-1}\sum_{i=1}^{n}(X_i - \bar{X})^2\right\} = E\left(\frac{n}{n-1}S^2\right)$$

$$= \frac{n}{n-1} E\left(\frac{1}{n}\sum_{i=1}^{n} X_i^2 - \bar{X}^2\right)$$

$$= \frac{1}{n-1}\sum_{i=1}^{n} E(X_i^2) - \frac{n}{n-1} E(\bar{X}^2)$$

(3.11) より,

$$E(X_k^2) = V(X_k) + E(X_k)^2, \qquad E(\bar{X}^2) = V(\bar{X}) + E(\bar{X})^2$$

これを代入して

$$E(U^2) = \frac{1}{n-1}\sum_{i=1}^{n}\{V(X_k) + E(X_k)^2\}$$

$$- \frac{n}{n-1}\{V(\bar{X}) + E(\bar{X})^2\}$$

(7.2)〜(7.4), (1.9) より,

$$E(U^2) = \frac{1}{n-1}\sum_{i=1}^{n}(\sigma^2 + m^2) - \frac{n}{n-1}\left(\frac{\sigma^2}{n} + m^2\right)$$

$$= \frac{n}{n-1}\left(\sigma^2 + m^2 - \frac{\sigma^2}{n} - m^2\right) = \sigma^2 \qquad (終)$$

〈自由度〉 **自由度**は,互いに独立な変数の数を表わす。平均の場合には,x_1, x_2, …, x_n はすべて独立だから,不偏推定量は n で割った式になり,分散の場合は (5.4) より,$x_1 - \bar{x}$, $x_2 - \bar{x}$, …, $x_n - \bar{x}$ のうち独立なのは $n-1$ 個だから不偏推定量は,$n-1$ で割った式になる。このときの自由度は $n-1$ である。

3 ── 母平均の推定

ここでは,少ない標本値から,正規母集団を特徴づける母平均を推定する方法を考える。母集団の未知母数 θ が,どのような区間内にあるか推定することを**区間推定**という。ここで,θ が T_1 と T_2 の間にある確率が

$$P(T_1 \leqq \theta \leqq T_2) = 1 - \alpha$$

のとき,この区間 (T_1, T_2) を**信頼区間**といい,そのとき θ がその区間内にある確率 $1-\alpha$ を**信頼度**という。$(T_2 - T_1)/2\theta$ を**相対精度**という。母分散

が既知の場合は正規分布表で，未知の場合は，t分布表から，次のようにして，与えられた信頼度により，区間推定する。

正規母集団では，(7.5) より，Z は標準正規分布 $N(0, 1)$ に従うから，信頼度 $1 - \alpha$ のとき，

$$P(0 \leq Z \leq a) = \frac{1 - \alpha}{2} \tag{7.8}$$

を満たす a を $a(\alpha)$ で表わすとき，次のように区間推定できる（図 7 - 1）。

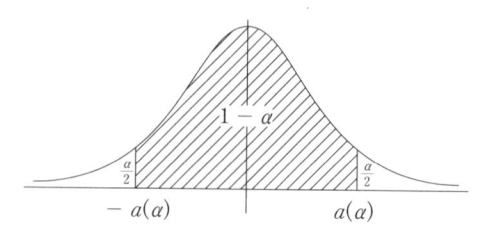

図 7 - 1

母分散 σ^2 が既知の母平均の区間推定

正規母集団 $N(m, \sigma^2)$ から抽出された大きさ n の標本の標本平均を $\bar{X}$ とすると，母平均 m は，信頼係数 $1 - \alpha$ で次の区間内にある。

$$\bar{X} - a(\alpha)\frac{\sigma}{\sqrt{n}} \leq m \leq \bar{X} + a(\alpha)\frac{\sigma}{\sqrt{n}} \tag{7.9}$$

特に，$\alpha = 0.05$ のとき，$\bar{X} - 1.96\dfrac{\sigma}{\sqrt{n}} \leq m \leq \bar{X} + 1.96\dfrac{\sigma}{\sqrt{n}}$ (7.10)

$\alpha = 0.01$ のとき，$\bar{X} - 2.58\dfrac{\sigma}{\sqrt{n}} \leq m \leq \bar{X} + 2.58\dfrac{\sigma}{\sqrt{n}}$ (7.11)

証明 (7.5), (7.8) より，

$$P\left(0 \leq \frac{\sqrt{n}(\bar{X} - m)}{\sigma} \leq a(\alpha)\right) = \frac{1 - \alpha}{2}$$

ゆえに，$P\left(-a(\alpha) \leq \dfrac{\sqrt{n}(\bar{X} - m)}{\sigma} \leq a(\alpha)\right) = 1 - \alpha$

$$P\left(-a(\alpha)\frac{\sigma}{\sqrt{n}} \leq \bar{X} - m \leq a(\alpha)\frac{\sigma}{\sqrt{n}}\right) = 1 - \alpha$$

$$P\left(\bar{X} - a(\alpha)\frac{\sigma}{\sqrt{n}} \leq m \leq \bar{X} + a(\alpha)\frac{\sigma}{\sqrt{n}}\right) = 1 - \alpha \qquad (終)$$

例7.3 正規母集団 $N(m, \sigma^2)$ から,大きさ n の標本を抽出して,母平均 m を推定するのに,95％の信頼区間の長さを $\sigma/4$ 以下にするためには,n を少なくともどのくらいの大きさにすればよいか求めよ。

解 $\alpha = 0.05$ のときだから,(7.10)より,

$$\bar{X} - 1.96\frac{\sigma}{\sqrt{n}} \leq m \leq \bar{X} + 1.96\frac{\sigma}{\sqrt{n}}$$

$$1.96 \cdot \frac{\sigma}{\sqrt{n}} \cdot 2 \leq \frac{\sigma}{4}$$

$$1.96 \times 2 \times 4 \leq \sqrt{n}$$

$$n \geq 245.86$$

∴ 246 人以上にすればよい。 (終)

標本の大きさと信頼区間の長さには,次のような関係がある。

表 7 - 1

信頼区間の長さ	σ	$2\sigma/3$	$\sigma/2$	$2\sigma/5$	$\sigma/3$	$\sigma/4$	$\sigma/5$
相対精度	$\sigma/2$	$\sigma/3$	$\sigma/4$	$\sigma/5$	$\sigma/6$	$\sigma/8$	$\sigma/10$
標本の大きさ	16	35	62	97	139	246	385

母分散 σ^2 が未知の場合は,σ を含む(7.9)は母平均の推定には使えないから,t 分布を使う。正規母集団 $N(m, \sigma^2)$ において,(7.2)から $\bar{X}$ は,$N(m, \sigma^2/n)$ に従うから,**スチューデントの t の値**

$$T = \frac{\bar{X} - m}{\frac{U}{\sqrt{n}}} \qquad (ただし,\ U^2:不偏分散) \qquad (7.12)$$

は,自由度 $n-1$ の t 分布に従うことがわかっている。

信頼度 $1 - \alpha$ のとき,

$$P(0 \leq T \leq t) = \frac{1-\alpha}{2} \qquad (7.13)$$

を満たす t を $t_{n-1}(\alpha)$ で表わすとき,次のように区間推定できる。

§7 推定と検定

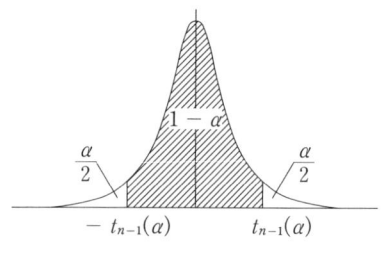

図 7-2　自由度 $n-1$ の t 分布

母分散 σ^2 が未知の母平均の区間推定

正規母集団 $N(m,\ \sigma^2)$ から抽出された大きさ n の標本の標本平均を $\bar{X}$ とすると，母平均 m は，信頼係数 $1-\alpha$ で次の区間内にある．

$$\bar{X} - t_{n-1}(\alpha)\frac{U}{\sqrt{n}} \leqq m \leqq \bar{X} + t_{n-1}(\alpha)\frac{U}{\sqrt{n}} \tag{7.14}$$

証明　(7.12), (7.13) より，

$$P\left(-t_{n-1}(\alpha) \leqq \frac{\bar{X}-m}{\dfrac{U}{\sqrt{n}}} \leqq t_{n-1}(\alpha)\right) = 1 - \alpha$$

よって，

$$P\left(\bar{X} - t_{n-1}(\alpha)\frac{U}{\sqrt{n}} \leqq m \leqq \bar{X} + t_{n-1}(\alpha)\frac{U}{\sqrt{n}}\right) = 1 - \alpha \qquad (終)$$

参考　(7.14) の右辺の計算

$\boxed{EC}$: n $\boxed{\sqrt{\ }}$ $\boxed{M+}$ U $\boxed{\times}$ $t_{n-1}(\alpha)$ $\boxed{\div}$ $\boxed{MR}$ $\boxed{+}$ $\bar{X}$ $\boxed{=}$

例7.4　例7.2のデータから，母集団の平均を 95％ の信頼度で区間推定せよ．

解　例7.2より，$n=15$，標本平均 $\bar{X}=158.47$，標本分散 $S^2=31.87$ であるから，(7.7) よる，不偏分散 U^2 は，

$$U^2 = \frac{15}{15-1} \times 31.87 = 34.15 \qquad \therefore \quad U = 5.843$$

数表#10 より，$t_{15-1} = t_{14} = 2.145$ であるから，(7.14) より

$$158.47 - 2.145 \times \frac{5.843}{\sqrt{15}} = 155.23$$

$$158.47 + 2.145 \times \frac{5.843}{\sqrt{15}} = 161.71$$

よって，$155.23 \leqq m \leqq 161.71$

母平均は，155.23（cm）以上 161.71（cm）以下と考えられる。　　（終）

例7.5　例5.4のデータを女子学生全体からの無作為抽出の標本としたとき，母集団の平均を95％の信頼度で区間推定せよ。

解　例5.4より，$n = 134$，標本平均 $\bar{X} = 157.99$，標本分散 $S^2 = 23.074$ であるから，(7.7)よる，不偏分散 U^2 は，

$$U^2 = \frac{134}{134-1} \times 23.074 = 23.247 \qquad \therefore \quad U = 4.822$$

$t_{134-1} \fallingdotseq t_{120} = 1.980$ であるから，(7.14)より

$$157.99 - 1.98 \times \frac{4.822}{\sqrt{134}} = 157.17,$$

$$157.99 + 1.98 \times \frac{4.822}{\sqrt{134}} = 158.81$$

よって，$157.17 \leqq m \leqq 158.81$

母平均は，157.17（cm）以上 158.81（cm）以下と考えられる。　　（終）

4 ─ 仮説検定

　実験結果が理論と一致していると考えられるか，たばこと肺ガンの間に因果関係があるのか，ある商品の2つのメーカーによる消費者の好みの違いに差があるかというような問題について，調査し判定する方法として検定を行う。

　最初に仮説を設定し，その仮説が間違っていないかどうかを，標本のデータによって判定する方法をとる。これを**仮説検定**という。このとき，たとえ

ば実験結果が厳密に理論と一致していなくても，それが誤差の範囲内なのかそれ以上の何か意味のある差があるのかどうかということが重要になる。この誤差の範囲とは考えられない意味のあるずれがあるとき，仮説は有意であるといい，否定される。ここで，最初に設定した仮説を**帰無仮説**という。帰無仮説が否定されたとき，**棄却された**といい，受け入れることになる仮説を**対立仮説**という。帰無仮説を H_0，対立仮説を H_1 で表わす。

　帰無仮説 H_0 が正しいときに H_0 を棄却する誤りを**第一種の誤り**，H_0 が正しくないときに H_0 を棄却しない誤りを**第二種の誤り**という。第一種の誤りをする確率を**危険率**または，**有意水準**といい α で表わす。一般に 0.05 または，0.01 の値をとる。2種類の誤りの確率をともにできる限り小さくできればよいが，一方を小さくすれば他方は大きくなる。そこで，仮説検定では比較的求めやすい第一種の誤りの確率 α を一定以下におさえ，第二種の誤りの確率 β を小さくするような検定を行う。$1-\beta$ を**検出力**といい，H_1 が正しいときに H_0 を棄却する確率を表わす。

　仮説を検定するとき，棄却するか否かの判断をするときに棄却になる基準の領域を**棄却域**という。棄却域を左右両側にとる検定方法を**両側検定**，どちらか一方だけとる方法を**片側検定**（**右側検定**と**左側検定**）という。

　正規母集団 $N(m, \sigma^2)$ において，$m = m_0$ のとき (7.5) より，

$$Z = \frac{\bar{X} - m_0}{\frac{\sigma}{\sqrt{n}}} = \frac{\sqrt{n}(\bar{X} - m_0)}{\sigma} \tag{7.15}$$

は，標準正規分布 $N(0, 1)$ に従うから，母分散 σ^2 が既知の場合の母平均 m の検定は，次のように行う。

母分散 σ^2 が既知の場合の母平均 m の検定

　正規母集団 $N(m, \sigma^2)$ において，母分散 σ^2 が既知の場合，m について

$$\text{帰無仮説 } H_0: \quad m = m_0$$

を検定する方法

(1) 有意水準 α を定め，棄却域を決める．
(2) 得られた標本から(7.15)の Z の値を求める．
(3) 両側検定をする場合　　　H_1：　$m \neq m_0$
　数表#5より，$a(\alpha)$ の値を求め，
　　　$|Z| > a(\alpha)$ ならば，H_0 を棄却する．
　　　$|Z| < a(\alpha)$ ならば，H_0 を棄却しない．
(4) 片側検定をする場合　　　H_1：　$m > m_0$
　数表#5より，$a(2\alpha)$ の値を求め，
　　　$Z > a(2\alpha)$ ならば，H_0 を棄却する．
　　　$Z < a(2\alpha)$ ならば，H_0 を棄却しない．
　$m < m_0$ のときには，不等号の向きと $a(2\alpha)$ の符号が逆になる．

例7.6　内容総量が90gの鮭缶の生産ラインから，無作為に10個取り出して平均を調べたら89.3gだった．この缶詰の標準偏差は，1.5gであることがわかっている．この缶詰の重さが表示の90gより，軽いかどうかを有意水準5％で検定せよ．

解　缶詰の重さは正規分布をしていると考えてよいから，
　　　帰無仮説 H_0：　$m = 90$
重さが90g以上の場合には問題がないのだから，対立仮説として，鮭缶の重さは90g未満であるとする．すなわち，
　　　対立仮説 H_1：　$m < 90$
の左側検定である．$\sigma = 1.5$，$n = 10$，$\bar{x} = 89.3$，$m_0 = 90$ を(7.15)に代入すると，
$$Z = \frac{\sqrt{10} \times (89.3 - 90)}{1.5} = -1.48$$
数表#5より，$a(2\alpha) = 1.64$ だから，
$$Z = -1.48 > -1.64$$
よって，棄却できない．90gより軽いとはいえない．　　　　　　（終）

(参考) 上の例は，標本数が少ないので90g未満であるとはいえないが，$n>12$で例7.6と同じ平均のときは，有意差があるといえる。このような場合には，標本数を増やして検定したほうが第二種の誤りの確率を小さくできる。

例7.7 例7.6の鮭缶10個の平均が何g以下ならば有意水準5％で表示重量より軽いと考えてよいか。

解 平均を$\bar{X}$とすると，$a(2\alpha) = 1.64$だから(7.15)より，

$$Z = \frac{\sqrt{10} \times (\bar{X} - 90)}{1.5} < -1.64$$

$$\bar{X} - 90 < -0.778$$

$$\bar{X} < 89.222$$

∴ 89.2g以下から軽いと考えてよい。 (終)

母分散σ^2が未知の場合，$m = m_0$のとき(7.12)より，

$$T = \frac{\bar{X} - m_0}{\dfrac{U}{\sqrt{n}}} \quad (ただし，U^2：不偏分散) \tag{7.16}$$

は，自由度$n-1$のt分布に従うことがわかっているので，母平均mの検定は，次のように行う。

母分散σ^2が未知の場合の母平均mの検定（t検定）

正規母集団$N(m, \sigma^2)$において，母分散σ^2が未知の場合，mについて

　　　　　帰無仮説 H_0：　$m = m_0$

を検定する方法

(1) 有意水準αを定め，棄却域を決める。

(2) 得られた標本から(7.16)のTの値を求める。

(3) 両側検定をする場合　　H_1：　$m \neq m_0$

　数表#10より，$t_{n-1}(\alpha)$の値を求め，

　　$|T| > t_{n-1}(\alpha)$ならば，H_0を棄却する。

$|T| < t_{n-1}(\alpha)$ ならば，H_0 を棄却しない。

(4) 片側検定をする場合　　H_1：$m > m_0$

数表#10 より，$t_{n-1}(2\alpha)$ の値を求め，

$T > t_{n-1}(2\alpha)$ ならば，H_0 を棄却する。

$T < t_{n-1}(2\alpha)$ ならば，H_0 を棄却しない。

$m < m_0$ のときには，不等号の向きと $t_{n-1}(2\alpha)$ の符号が逆になる。

例7.8 エアコンの温度調節機能を調べるために設定温度を27℃にして，1週間室内温度を測定したら，次のような結果になった。

28.5，26.3，27.5，29.2，28.2，26.8，25.8（℃）

このエアコンの温度調節機能は，正常に働いているかどうかを5％の有意水準で検定せよ。

解 温度分布は，正規分布をしていると考えてよいから，

帰無仮説 H_0：$m = 27.0$

対立仮説 H_1：$m \neq 27.0$

の両側検定である。$U = 1.239$, $n = 7$, $\bar{x} = 27.47$, $m_0 = 27.0$ を(7.16)に代入すると，

$$T = \frac{\sqrt{7} \times (27.47 - 27.0)}{1.239} = 1.004$$

数表#10 より，$t_{7-1}(5\%) = 2.447$ だから，

$T = 1.004 < 2.447$

よって，棄却できない。　　　　　　　　　　　　　　　　　　　　　　（終）

5 — χ^2 検定

ここでは，観測や実験の結果が理論上の値と有意差があるかとか，新薬が効果があるかどうかなどの検定をする方法を考える。前者は，2組の分布の

適合性を検定する方法で，後者は，分割表の独立性の検定方法を用いて行う．

最初に，理論値と観測値の適合度の χ^2 検定を考える．

2組の分布の適合性を検定する方法

表7-2

階級	C_1	C_2	...	C_k	合計
観測度数	x_1	x_2	...	x_k	n
理論確率	p_1	p_2	...	p_k	1
期待度数	f_1	f_2	...	f_k	n

H_0：階級 C_i の期待度数は，f_i である．

$$f_i = p_i \cdot n \quad (1 \leq i \leq k)$$

(1) 上の表のような $x_i (1 \leq i \leq k)$ と f_i の度数分布表を f_i が十分大きくなる（だいたい10以上）ようにつくる．

(2) 表7-2から，

$$\text{実測値 } \chi_0^2 = \sum_{i=1}^{k} \frac{(x_i - f_i)^2}{f_i} \tag{7.17}$$

を求める．

(3) 自由度 $df = k - 1$ とし，有意水準 α を定める．

(4) 数表#11より，限界値 $\chi_{k-1}^2(\alpha)$ の値を求め，

$\chi_0^2 > \chi_{k-1}^2(\alpha)$ ならば，H_0 を棄却する．

$\chi_0^2 \leq \chi_{k-1}^2(\alpha)$ ならば，H_0 を棄却しない．

例7.9 例5.2の女子大生の身長の分布は，$N(158, 4.8^2)$ の正規分布であるとみなしてよいか検定せよ．

解 146.5〜149.5 と 167.5〜170.5 の度数は，小さいので次の階級の成分に合併する．$N(158, 4.8^2)$ の正規分布としたときの期待度数は，例4.7と同様に求めると表7-3のようになる．

$$P(X < 152.5) = P(Z < -1.15) = 0.5 - 0.37493 = 0.12507$$
$$0.12507 \times 134 = 16.8 (人)$$
$$P(152.5 \leq X < 155.5) = P(-1.15 \leq Z < -0.52)$$
$$= 0.37493 - 0.19847 = 0.17646 \quad 0.17146 \times 134 = 23.6 (人)$$

以下同様にして求める。

表 7 - 3

階級	観測度数	期待度数
～152.5	14	16.8
152.5～155.5	34	23.6
155.5～158.5	27	31.9
158.5～161.5	28	30.5
161.5～164.5	15	17.0
164.5～	16	14.2

(7.17)に代入して,

実測値　$\chi_0^2 = \dfrac{(14-16.8)^2}{16.8} + \dfrac{(34-23.6)^2}{23.6} + \dfrac{(27-31.9)^2}{31.9}$

$\qquad\qquad + \dfrac{(28-30.5)^2}{30.5} + \dfrac{(15-17.0)^2}{17.0} + \dfrac{(16-14.2)^2}{14.2} = 6.47$

$df = 6 - 1 = 5$, $\alpha = 0.05$, 数表#11 より, $\chi_5^2(5\%) = 11.07$

$\qquad \chi_0^2 = 6.47 < 11.07 = \chi_5^2(5\%)$

よって，適合する。　　　　　　　　　　　　　　　　　　　　　　　　（終）

分割表の独立性の χ^2 検定の手順を示す。

分割表の独立性の検定

表 7 - 4

A\B	B_1	B_2	⋯	B_m	計
A_1	x_{11}	x_{12}	⋯	x_{1m}	a_1
⋮	⋮	⋮	⋱	⋮	⋮
A_k	x_{k1}	x_{k2}	⋯	x_{km}	a_k
計	b_1	b_2	⋯	b_m	n

表 7 - 5

A\B	B_1	B_2	⋯	B_m	計
A_1	f_{11}	f_{12}	⋯	f_{1m}	a_1
⋮	⋮	⋮	⋱	⋮	⋮
A_k	f_{k1}	f_{k2}	⋯	f_{km}	a_k
計	b_1	b_2	⋯	b_m	n

$$a_i = \sum_{j=1}^{m} x_{ij}, \quad b_j = \sum_{i=1}^{k} x_{ij}, \quad n = \sum_{i=1}^{k}\sum_{j=1}^{m} x_{ij}$$

H_0：A と B とは，独立である。

(1) 分割表 7 - 4 の実測度数 x_{ij} から，A, B の独立性を仮定した期待度数 f_{ij}（表 7 - 5）を求める。

$$f_{ij} = \frac{a_i b_j}{n} \qquad\qquad (7.18)$$

(2) 表 7-5 から，

$$\text{実測値 } \chi_0^2 = \sum_i \sum_j \frac{(x_{ij} - f_{ij})^2}{f_{ij}} \tag{7.19}$$

を求める。

これは，x_{ij}, f_{ij} が十分大きければ自由度 $(k-1)(l-1)$ の χ^2 分布に従うことが，知られている。

(3) 自由度を $(k-1)(l-1)$ とし，有意水準 α を定める。

(4) 数表#11 より，限界値 $\chi^2_{(k-1)(l-1)}(\alpha)$ の値を求め，

$\chi_0^2 > \chi^2_{(k-1)(l-1)}(\alpha)$ ならば，H_0 を棄却する。

$\chi_0^2 \leqq \chi^2_{(k-1)(l-1)}(\alpha)$ ならば，H_0 を棄却しない。

例 7.10 新しく開発された新薬について，実際に効くかどうかを偽薬を使って調べたら，次のような結果を得た。この新薬は，効果があったのかを有意水準 5 %で検定せよ。

表 7-6

	効果あり	効果なし	計
新薬	19	6	25
偽薬	8	12	20
計	27	18	45

解 (7.18) より期待度数（表 7-7）を求め，実測値 χ_0^2 (7.19) を計算する。

表 7-7

	効果あり	効果なし
新薬	15	10
偽薬	12	8

$$\chi_0^2 = \frac{(19-15)^2}{15} + \frac{(6-10)^2}{10} + \frac{(8-12)^2}{12} + \frac{(12-8)^2}{8}$$
$$= 6.0 > 3.841 = \chi_1^2(5\%)$$

したがって，有効である。 (終)

6 ── 分散および平均の差に関する検定

2つの正規母集団 $N(m_1, \sigma_1^2)$, $N(m_2, \sigma_2^2)$ からそれぞれ大きさ n', n'' の標本をとったとき，それぞれの母集団の母分散の間に差があるかどうかを検定する手順を示す．それぞれの不偏分散を U_1^2, U_2^2 とすれば，$\sigma_1^2 = \sigma_2^2$ が成り立つとき，

$$F = \frac{U_1^2}{U_2^2} \tag{7.20}$$

は，自由度 $(n'-1, n''-1)$ の F 分布に従うことがわかっているので，分散の間に差があるかどうかの検定は次のように行う．

σ_1^2, σ_2^2 が未知の場合の $\sigma_1^2 = \sigma_2^2$ の検定

2つの正規母集団 $N(m_1, \sigma_1^2)$, $N(m_2, \sigma_2^2)$ において，それぞれの母分散 σ_1^2, σ_2^2 が未知の場合，

帰無仮説 H_0： $\sigma_1^2 = \sigma_2^2$

を検定する方法

(1) 有意水準 α を定め，棄却域を決める．

(2) 得られた標本から (7.20) の F の値を $F > 1$ になるように求める．

(3) H_1： $\sigma_1^2 \neq \sigma_2^2$

数表 #12 より，$F_{n'-1}^{n''-1}(\alpha/2)$ の値を求め，

$F > F_{n'-1}^{n''-1}(\alpha/2)$ ならば，H_0 を棄却する．

$F < F_{n'-1}^{n''-1}(\alpha/2)$ ならば，H_0 を棄却しない．

次に，2つの正規母集団 $N(m_1, \sigma_1^2)$, $N(m_2, \sigma_2^2)$ からそれぞれ大きさ n', n'' の標本をとったとき，それぞれの母集団の母平均の間に差があるかどうかを検定する手順を示す．母分散 σ_1^2, σ_2^2 が既知の場合それぞれの標本平均 $\bar{X}$, $\bar{Y}$ の確率分布は，$N(m_1, \sigma_1^2/n')$, $N(m_2, \sigma_2^2/n'')$ に従っているから，

§7 推定と検定

(3.5),(3.6),(3, 13),(3.20)より標本平均の差の確率分布は，$N(m_1 - m_2, \sigma_1^2/n' + \sigma_2^2/n'')$ に従っている。ゆえに，

$$Z = \frac{(\bar{X} - \bar{Y}) - (m_1 - m_2)}{\sqrt{\dfrac{\sigma_1^2}{n'} + \dfrac{\sigma_2^2}{n''}}}$$

は，標準正規分布 $N(0, 1)$ に従うので，$m_1 = m_2$ が成り立つとき，

$$Z = \frac{\bar{X} - \bar{Y}}{\sqrt{\dfrac{\sigma_1^2}{n'} + \dfrac{\sigma_2^2}{n''}}} \tag{7.21}$$

は，標準正規分布 $N(0, 1)$ に従う。このことから，母分散 σ_1^2，σ_2^2 が既知の場合の母平均の間に差があるかどうかの検定は，次のように行う。

σ_1^2，σ_2^2 が既知の場合の $m_1 = m_2$ の検定

2つの正規母集団 $N(m_1, \sigma_1^2)$，$N(m_2, \sigma_2^2)$ において，それぞれの母分散 σ_1^2，σ_2^2 が既知の場合，

　　　　帰無仮説 H_0： $m_1 = m_2$

を検定する方法。

(1) 有意水準 α を定め，棄却域を決める。

(2) 得られた標本から (7.21) の Z の値を求める。

(3) 　H_1： $m_1 \neq m_2$

数表#5より，$a(\alpha)$ の値を求め，

　　$|Z| > a(\alpha)$ ならば，H_0 を棄却する。

　　$|Z| < a(\alpha)$ ならば，H_0 を棄却しない。

母分散 σ_1^2 σ_2^2 が未知の場合でも，$\sigma_1^2 = \sigma_2^2$ であることがわかっているとき，

$$T = \frac{\bar{X} - \bar{Y}}{\sqrt{(n'-1)U_1^2 + (n''-1)U_2^2}} \sqrt{\frac{n'n''(n' + n'' - 2)}{n' + n''}} \tag{7.22}$$

は，自由度 $n' + n'' - 2$ の t 分布に従うことがわかっている。このとき，母平均の間に差があるかどうかの検定は，次のように行う。

--- σ_1^2, σ_2^2 が未知だが $\sigma_1^2 = \sigma_2^2$ の場合の $m_1 = m_2$ の検定 ---

2つの正規母集団 $N(m_1, \sigma_1^2)$, $N(m_2, \sigma_2^2)$ において,それぞれの母分散 σ_1^2, σ_2^2 が未知だが $\sigma_1^2 = \sigma_2^2$ である場合,

帰無仮説 H_0: $m_1 = m_2$

を検定する方法。

(1) 有意水準 α を定め,棄却域を決める。

(2) 得られた標本から (7.22) の T の値を求める。

(3) H_1: $m_1 \neq m_2$

数表 #10 より, $t_{n'+n''-2}(\alpha)$ の値を求め,

$|T| > t_{n'+n''-2}(\alpha)$ ならば, H_0 を棄却する。

$|T| < t_{n'+n''-2}(\alpha)$ ならば, H_0 を棄却しない。

例 7.11 ある番組で果物の種類と頭のはたらきの関係を調べるために次のような実験を行った。学力が同じと考えられる学生10人を2つのグループに分け,朝起きてすぐ,それぞれのグループに A, B 別々の果物 400 g を食べた後,簡単な計算問題を 80 問解いてもらった。その結果,果物 A を食べた A グループ 5 人はそれぞれ {39, 28, 45, 61, 72} 問正解で,果物 B を食べた B グループ 5 人はそれぞれ {19, 43, 45, 23, 29} 問正解であった。

それぞれの母集団が正規分布に従うと考えて,正解の平均に有意差があるといえるか,有意水準 5% で検定せよ。

解 グループ A, B の正解数の標本平均をそれぞれ $\bar{X}$, $\bar{Y}$, 不偏分散をそれぞれ U_1^2, U_2^2 とすると,実現値は,

$$\bar{X} = 49, \quad \bar{Y} = 31.8, \quad U_1^2 = 307.5, \quad U_2^2 = 137.2$$

であるが,$n' = n'' = 5$ で標本の大きさが小さいから, U_1^2, U_2^2 を σ_1^2, σ_2^2 の推定値として用いることは適当でないと考えられる。そこで,$\sigma_1^2 = \sigma_2^2$ であることはじめに検定する。これが棄却されなければ平均の有意差の検定ができる。

§7 推定と検定

(i) $\sigma_1^2 = \sigma_2^2$ の検定

$\alpha = 0.1$ として，(7.20) の F と，数表#12 より $F_{5-1}^{5-1}(\alpha/2)$ の値を求めると，

$$F = \frac{307.5}{137.2} = 2.241 < F_4^4(0.05) = 6.39$$

ゆえに，棄却されないので一応 $\sigma_1^2 = \sigma_2^2$ であると考えてよい．

(ii) $m_1 = m_2$ の検定

有意水準 5％ だから，$\alpha = 0.05$ として，(7.22) の T と数表#10 より $t_{5+5-2}(\alpha)$ の値を求めると，

$$T = \frac{49 - 31.8}{\sqrt{4 \times 307.5 + 4 \times 137.2}} \sqrt{\frac{5 \times 5 \times (5 + 5 - 2)}{5 + 5}}$$
$$= 1.823 < t_8(0.05) = 2.306$$

ゆえに，棄却されないので有意差があるとはいえない． (終)

(参考) 上の例は，標本数が少ないので有意差あるとはいえないが，$n' = n'' = 10$ で例 7.11 と同じ標本平均と不偏分散になるときは，有意差があるといえる（練習問題3）．このような場合には，標本数を増やして検定した方が第二種の誤りの確率を小さくできる．

練習問題 7

1. 例 4.8 の度数分布がポアソン分布であるといえることを，χ^2 検定を行って示せ．

2. 表 5 - 7 より，無作為に 25 人の身長の標本を選び，その平均を求め，母平均を推定せよ．

3. 例 7.11 において n', $n'' = 10$ で同じ標本平均，不偏分散になるときは，有意差があるといえるか，有意水準 5％ で検定せよ．

§8 補論

1 — ベイズの定理

$P(B) > 0$ のとき,乗法定理を用いて,$P(A)$ および $P_A(B)$ が与えられたとき,$P_B(A)$ を求める式について考える。このとき,$P(A)$ を**事前確率**,$P_B(A)$ を**事後確率**という。

ベイズの定理

二つの事象 A, B について $P(B) > 0$ のとき,次式が成り立つ。

$$P_B(A) = \frac{P(A)P_A(B)}{P(A)P_A(B) + P(\overline{A})P_{\overline{A}}(B)} \tag{8.1}$$

証明 二つの事象 A, B の積事象 $A \cap B$ の確率は,乗法定理より

$$P(A \cap B) = P(A)P_A(B) = P(B)P_B(A)$$

両辺を $P(B)$ で割って

$$P_B(A) = \frac{P(A)P_A(B)}{P(B)} \tag{8.2}$$

また,$A \cap B$, $\overline{A} \cap B$ は互いに排反であり,$B = (A \cap B) \cup (\overline{A} \cap B)$ であるから

$$P(B) = P(A \cap B) + P(\overline{A} \cap B) \tag{8.3}$$

乗法定理より,

$$P(A \cap B) = P(A)P_A(B),\ P(\overline{A} \cap B) = P(\overline{A})P_{\overline{A}}(B) \tag{8.4}$$

(8.4)を(8.3)式に代入して

$$P(B) = P(A)P_A(B) + P(\overline{A})P_{\overline{A}}(B) \tag{8.5}$$

(8.5)を(8.2)に代入して

$$P_B(A) = \frac{P(A)P_A(B)}{P(A)P_A(B) + P(\overline{A})P_{\overline{A}}(B)} \qquad (\text{終})$$

より一般に，n 個の事象 A_1, A_2, $\cdots$, A_n が $A_1 \cup A_2 \cup \cdots \cup A_n = U$ かつ互いに排反とする。このとき，$P(B) > 0$ である事象 B に対して

$$P(B) = P(A_1 \cap B) + P(A_2 \cap B) + \cdots + P(A_n \cap B)$$

一方，乗法定理から

$$P(A_k \cap B) = P(A_k)P_{A_k}(B)$$

これを代入して

$$P(B) = P(A_1)P_{A_1}(B) + P(A_2)P_{A_2}(B) + \cdots + P(A_n)P_{A_n}(B)$$

また，乗法定理より

$$P_B(A_k) = \frac{P(A_k)P_{A_k}(B)}{P(B)}$$

したがって

$$P_B(A_k) = \frac{P(A_k)P_{A_k}(B)}{P(A_1)P_{A_1}(B) + P(A_2)P_{A_2}(B) + \cdots + P(A_n)P_{A_n}(B)} \tag{8.6}$$

このとき，$P(A_k)$ は**事前確率**（結果 B を知らない前の原因 A_k の起こる確率），$P_B(A_k)$ を**事後確率**という。

例8.1 病気 X の集団検診では，その病気にかかっている人は 95％の確率で陽性と判定される。また，その病気でない人も 5％の確率で誤って陽性と判定される。実際にその病気にかかる確率は，2％である。その集団検診を受けた人が陽性と判定されたとき，その人が実際にその病気にかかっている確率を求めよ。

解 ベイズの定理における事象 A と B を

　　事象 A：病気 X にかかっている

　　事象 B：集団検診で陽性と判定される

とすると，集団検診を受けた人が陽性と判定されたとき，その人が実際にその病気にかかっている確率 $P_B(A)$ を求めることになる。病気 X にかかる確率は，2％であるから

$$P(A) = 0.02 \qquad P(\overline{A}) = 1 - 0.02 = 0.98$$

病気 X にかかっている人は 95％の確率で陽性と判定されるので

$$P_A(B) = 0.95$$

その病気でない人も 5％の確率で誤って陽性と判定されるから

$$P_{\overline{A}}(B) = 0.05$$

これらをベイズの定理(8.1)に代入して

$$P_B(A) = \frac{P(A)P_A(B)}{P(A)P_A(B) + P(\overline{A})P_{\overline{A}}(B)}$$

$$= \frac{0.02 \times 0.95}{0.02 \times 0.95 + 0.98 \times 0.05} = 0.279$$

したがって，病気 X である確率は 0.279，およそ 4 人に 1 人の割合である。

(終)

2 ― 点 推 定

母集団の未知母数 θ を標本値 $x_1, x_2, \cdots, x_n$ から，具体的な値 $\hat{\theta}(x_1, x_2, \cdots, x_n)$ で推定することを**点推定**という。点推定については次の三つの性質をとくに注意する。

点推定

(a) 不偏性：(8.6)を満たす推定量を不偏推定量という。

(b) 有効性：二つの不偏推定量 $\hat{\theta}_1, \hat{\theta}_2$ の分散が小さいほうが有効である。

$$E(\hat{\theta}_1) = E(\hat{\theta}_2) = \theta \text{ かつ } V(\hat{\theta}_1) < V(\hat{\theta}_2) \text{ のとき}$$

$$\hat{\theta}_1 \text{ は } \hat{\theta}_2 \text{ より有効}$$

分散が最小になる不偏推定量があれば，それを有効推定量という。

(c) 一致性：n を大きくすれば $\hat{\theta}$ が θ に近づく確率がほぼ 1 になる。どんな小さな $\varepsilon > 0$ に対しても $\quad P(|\hat{\theta} - \theta| < \varepsilon) \to 1 \quad (n \to \infty)$
この性質をもつ推定量 $\hat{\theta}$ を一致推定量という。

説明 (a) §7 の 2 参照。(b) 標本平均 $\bar{X}$ は最も有効な推定量であることが知られている。すなわち，$\bar{X}$ は母平均 m の有効推定量である。

(c) チェビシェフの不等式から標本平均 $\bar{X}$ が母平均 m の一致推定量であることがわかる。S^2 も U^2 も母分散 σ^2 の一致推定量である。 (終)

3 — 母比率の推定

二項分布において，n 回の試行を行ったときに，ある事象が起こる回数 $X(=x)$ よりもその事象の起こる比率（割合）$\bar{p}\left(= \dfrac{x}{n}\right)$ を考えたほうがよいときがある。たとえば視聴率，合格率，支持率，事故や不良品の発生率なども，二項分布をする母集団（**二項母集団**という）における比率と考えられる。このとき，二項母集団におけるその事象の確率 p（母集団における比率）を**母比率**という。二項分布は n が十分大きいとき，$E(X) = np$，$V(X) = npq$ の正規分布で近似できるから，X を標準化した

$$Z = \frac{X - np}{\sqrt{npq}} \qquad (q = 1 - p)$$

は標準正規分布 $N(0, 1)$ に従っているとみなせる。この分母，分子を n で割り，その事象の起こる比率を $\bar{p}$（標本比率という）とおくと

$$Z = \frac{\bar{p} - p}{\sqrt{\dfrac{pq}{n}}} \tag{8.7}$$

すなわち，n が十分大きいならば，この Z も $N(0, 1)$ に従っているとみなせるので，母比率 p の推定を次のようにすることができる。

母比率の推定

標本数 n が十分大きいとき,母比率 p は信頼係数 $1-\alpha$ で次の区間内にある。

$$\hat{p} - a(\alpha)\sqrt{\frac{\hat{p}\hat{q}}{n}} < p < \hat{p} + a(\alpha)\sqrt{\frac{\hat{p}\hat{q}}{n}} \qquad (8.8)$$

推定値の誤差が ε を超えない確率を $1-\alpha$ にするための標本の大きさ n は

$$n \leqq \frac{a(\alpha)^2}{4\varepsilon^2} \qquad (8.9)$$

p, q をその推定値である $\hat{p}, \hat{q}$ で代用できるときには

$$n = \frac{a(\alpha)^2 \hat{p}\hat{q}}{\varepsilon^2} \qquad (8.10)$$

証明　(8.7)と図7-1より

$$P\left(-a(\alpha) < \frac{\hat{p}-p}{\sqrt{\frac{pq}{n}}} < a(\alpha)\right) = 1-\alpha$$

カッコの中を変形して

$$P\left(\hat{p} - a(\alpha)\sqrt{\frac{pq}{n}} < p < \hat{p} + a(\alpha)\sqrt{\frac{pq}{n}}\right) = 1-\alpha$$

n が十分大きいので $\sqrt{\frac{pq}{n}}$ の p, q をその推定値である $\hat{p}, \hat{q}$ で代用してよいから,母比率 p は信頼係数 $1-\alpha$ で次の区間内にある。

$$\hat{p} - a(\alpha)\sqrt{\frac{\hat{p}\hat{q}}{n}} < p < \hat{p} + a(\alpha)\sqrt{\frac{\hat{p}\hat{q}}{n}}$$

推定値の誤差が ε を超えない確率を $1-\alpha$ にするための標本の大きさ n は

$$a(\alpha)\sqrt{\frac{pq}{n}} = \varepsilon \qquad (8.11)$$

一方,　$pq = p(1-p) = -\left(p - \frac{1}{2}\right)^2 + \frac{1}{4} \leqq \frac{1}{4}$

であるから,(8.11)に代入して

$$\varepsilon \leq \frac{a(\alpha)}{2\sqrt{n}}$$

したがって

$$n \leq \frac{a(\alpha)^2}{4\varepsilon^2}$$

とくに，(8.11)の p, q をその推定値である $\hat{p}$, $\hat{q}$ で代用できるときには

$$n = \frac{a(\alpha)^2 \hat{p} \hat{q}}{\varepsilon^2} \tag{終}$$

例 8.2 ある都市で成人男子の喫煙率 p の推定をしたいので 400 人を無作為抽出し調査した。1 日平均 1 箱以上タバコを吸う喫煙者はそのうち 36 人いた。

(1) 喫煙率 p の 95％の信頼区間を求めよ。

(2) 推定値の誤差が 0.01 以下である確率を 0.95 にするために必要な標本の大きさを求めよ。

解 (1) $n = 400$ は十分大きいので(8.8)が使える。$x = 36$ より

$$\hat{p} = 0.09, \qquad \hat{q} = 1 - 0.09 = 0.91$$

95％の信頼区間は $\alpha = 0.05$ のときだから，$a(\alpha) = 1.96$

$$0.09 - 1.96\sqrt{\frac{0.09 \times 0.91}{400}} < p < 0.09 + 1.96\sqrt{\frac{0.09 \times 0.91}{400}}$$

これを計算して小数第 3 位まで求めると

$$0.062 < p < 0.118$$

(2) p, q をその推定値である $\hat{p}$, $\hat{q}$ で代用できるので(8.10)より

$$n = \frac{1.96^2 \times 0.09 \times 0.91}{0.01^2} = 3146.3$$

したがって，3146 人の標本が必要である。 (終)

4 — 母分散の推定

母平均 m が未知の場合,$\dfrac{(n-1)U^2}{\sigma^2}$ は自由度 $n-1$ の χ^2 分布に従うことが知られている。したがって,図 8-1 より

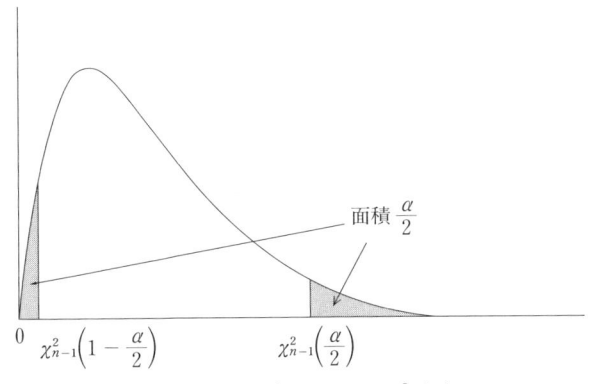

図 8-1 自由度 $n-1$ の χ^2 分布

$$P\left(\chi^2_{n-1}\left(1-\frac{\alpha}{2}\right) < \frac{(n-1)U^2}{\sigma^2} < \chi^2_{n-1}\left(\frac{\alpha}{2}\right)\right) = 1-\alpha$$

カッコの中を変形して

$$P\left(\frac{(n-1)U^2}{\chi^2_{n-1}\left(\frac{\alpha}{2}\right)} < \sigma^2 < \frac{(n-1)U^2}{\chi^2_{n-1}\left(1-\frac{\alpha}{2}\right)}\right) = 1-\alpha$$

したがって,次が成り立つ。

--- 母平均 m が未知のときの母分散 σ^2 の推定 ---

母平均 m が未知の場合,母分散 σ^2 は信頼係数 $1-\alpha$ で次の区間内にある。

$$\frac{(n-1)U^2}{\chi^2_{n-1}\left(\frac{\alpha}{2}\right)} < \sigma^2 < \frac{(n-1)U^2}{\chi^2_{n-1}\left(1-\frac{\alpha}{2}\right)} \tag{8.12}$$

例8.3 ある溶液のpHを8回測定して次の結果を得た。

$$3.88,\ 4.07,\ 3.95,\ 4.11,\ 4.02,\ 4.09,\ 4.05,\ 3.99$$

pHの測定値が正規分布に従っているものとして，この溶液のpHの値mと，測定値の母分散σ^2の95％信頼区間を求めよ。

解 $\bar{x} = 4.02$，$U = 0.0773$，$t_7(0.05) = 2.365$を(7.14)に代入して計算して小数3位まで求めると

$$3.955 \leqq m \leqq 4.085$$

$U^2 = 0.006$，$\chi_7^2(0.025) = 16.01$，$\chi_7^2(0.975) = 1.690$を(8.12)に代入して

$$0.0026 < \sigma^2 < 0.0249$$

(終)

5 ― 比率の検定

二項母集団において，母比率をp，標本比率を$\hat{p}$とおくと，推定のときと同様にして，nが十分大きい(np，$nq > 5$)とき，

$$Z = \frac{X - np}{\sqrt{npq}} = \frac{\hat{p} - p}{\sqrt{\dfrac{pq}{n}}} \quad \text{ただし} \quad q = 1 - p \tag{8.13}$$

は標準正規分布$N(0,\ 1)$に従っているとみなせるので，

$$\text{帰無仮説 } H_0: \quad p = p_0$$

が成り立つとき，

$$Z = \frac{\hat{p} - p_0}{\sqrt{\dfrac{p_0 q_0}{n}}} \quad (q_0 = 1 - p_0) \tag{8.14}$$

を用いて母比率pが特定の値p_0であるかどうかどうかを，次のように検定できる。

標本数 n が大きい場合の母比率 p の検定

二項母集団において，標本数nが十分大きい場合，母比率pについて

  帰無仮説 H_0: $\quad p = p_0$

対立仮説 H_1： (a) $p \neq p_0$ (b) $p > p_0$ (c) $p < p_0$

を検定する方法

(1) 有意水準 α を定め，対立仮説 H_1 から棄却域を決める。

(2) 標本比率 $\bar{p}$ から，(8.14) の Z の値を求める。

(3) (a) 両側検定：$|Z| > a(\alpha)$ のとき，H_0 を棄却する。

　　　　　　　　$|Z| < a(\alpha)$ のとき，H_0 を棄却しない。

　(b) 右片側検定：$Z > a(2\alpha)$ のとき，H_0 を棄却する。

　　　　　　　　$Z < a(2\alpha)$ のとき，H_0 を棄却しない。

　(c) 左片側検定：$Z > -a(2\alpha)$ のとき，H_0 を棄却する。

　　　　　　　　$Z < -a(2\alpha)$ のとき，H_0 を棄却しない。

例 8.4 ある病気の今までの治療法による治癒率は 25％であった。最近新しい治療法が導入され，患者 103 人中 35 人が治った。この新しい治療法によって，治癒率は改善されたといえるか。有意水準 5％で検定せよ。

解 治癒率が改善されたかどうかということが重要であるから，

$$H_0: \quad p = 0.25 \quad (治癒率は変わらない)$$

に対して，対立仮説として

$$H_1: \quad p > 0.25 \quad (治癒率は改善されている)$$

を考える。有意水準 5％であるから，$a(2\alpha) = 1.64$，また $n = 103$, $x = 35$ より標本比率は

$$\bar{p} = \frac{35}{103} = 0.34$$

$p_0 = 0.25$, $q_0 = 0.75$ を (8.14) に代入して

$$Z = \frac{0.34 - 0.25}{\sqrt{\dfrac{0.25 \cdot 0.75}{103}}} = 2.105 > 1.64$$

H_0 は棄却される。すなわち，治癒率が改善されたといえる。　　　　　　　(終)

6 ── 二つの比率の差の検定

2つの母集団のある性質についての母比率が異なるかどうかという判定について考える。二つの母集団の母比率をそれぞれ p_1, p_2 とする。それぞれ大きさ m と n の標本を取り出したとき，標本比率を $\bar{p}_1\left(=\dfrac{x}{m}\right)$, $\bar{p}_2\left(=\dfrac{y}{n}\right)$ とすれば，m, n が十分大きいときは，(8.7) より

$\bar{p}_1$ は平均 p_1, 標準偏差 $\sqrt{\dfrac{p_1 q_1}{m}}$

$\bar{p}_2$ は平均 p_2, 標準偏差 $\sqrt{\dfrac{p_2 q_2}{n}}$ ($q_1 = 1 - p$, $q_2 = 1 - p_2$)

の正規分布にそれぞれ従っているとみなすことができる。平均の差の検定のときと同様にして，比率の差 $\bar{p}_1 - \bar{p}_2$ は平均 $p_1 - p_2$, 標準偏差

$$\sqrt{\dfrac{p_1 q_1}{m} + \dfrac{p_2 q_2}{n}}$$

の正規分布に近似的に従うと考えることができる。ここで p_1 と p_2 は未知であるから

帰無仮説 H_0： $p_1 = p_2$

が成り立つとき，$p_1 = p_2$ の推定量を合併標本の比率

$$p = \dfrac{x + y}{m + n} \tag{8.15}$$

とすると，比率の差 $\bar{p}_1 - \bar{p}_2$ は，

$$N\left(0, \left(\dfrac{1}{m} + \dfrac{1}{n}\right)pq\right)$$

に近似的に従うと考えることができる。ゆえに標準化して

$$Z = (\bar{p}_1 - \bar{p}_2) \Big/ \sqrt{\left(\dfrac{1}{m} + \dfrac{1}{n}\right)pq} \quad \text{ただし} \quad q = 1 - p \tag{8.16}$$

は $N(0, 1)$ に従うとみなせるので，これを用いて比率の差の検定を行う。

標本数 m, n が大きい場合の二つの比率の差の検定

帰無仮説 H_0： $p_1 = p_2$

対立仮説 H_1： (a) $p_1 \neq p_2$ (b) $p_1 > p_2$ (c) $p_1 < p_2$

を検定する方法

(1) 有意水準 α を定め，対立仮説 H_1 から棄却域を決める。

(2) 標本比率 $\hat{p}_1 \left(= \dfrac{x}{m}\right)$, $\hat{p}_2 \left(= \dfrac{y}{n}\right)$ から，(8.15) の比率の推定値 p を求め，(8.16) の Z を求める。

(3) (a) 両側検定：$|Z| > a(\alpha)$ のとき，H_0 を棄却する。

$|Z| < a(\alpha)$ のとき，H_0 を棄却しない。

(b) 右片側検定：$Z > a(2\alpha)$ のとき，H_0 を棄却する。

$Z < a(2\alpha)$ のとき，H_0 を棄却しない。

(c) 左片側検定：$Z < -a(2\alpha)$ のとき，H_0 を棄却する。

$Z > -a(2\alpha)$ のとき，H_0 を棄却しない。

例 8.5 乗り物に酔いやすい人 200 人を 100 人ずつ 2 つのグループに分けて，A 社と B 社の予防薬をそれぞれのグループに同じ条件で試したところ，薬が効いた人は，A 社 85 人，B 社 76 人であった。この結果から，この 2 社の薬の効果には，差があるといえるかどうか，有意水準 5％で検定せよ。

解 薬の効く割合に差があるかどうかの検定だから，A 社と B 社の薬の効く母比率をそれぞれ p_1, p_2 とすると

$$H_0: \quad p_1 = p_2 \qquad H_1: \quad p_1 \neq p_2$$

$m = n = 100$, $x = 85$, $y = 76$ より標本比率は，$\hat{p}_1 = 0.85$, $\hat{p}_2 = 0.76$

合併標本の比率は (8.15) より $p = 0.805$，これらを (8.16) に代入して

$$Z = 1.61 < 1.96$$

なので，H_0 は棄却されない。したがって，有意差があるとはいえない。

(終)

7 ― χ^2（カイ2乗）分布，t 分布，F 分布

ここでは，正規母集団から無作為に抽出した標本の分布の中で，推定や検定で使われる χ^2 分布，t 分布，F 分布について説明する。

> **χ^2（カイ2乗）分布**
>
> 確率変数 Z_1, Z_2, $\cdots$, Z_ν が互いに独立で，それぞれ標準正規分布 $N(0, 1)$ に従うとき
> $$\chi^2 = Z_1^2 + Z_2^2 + \cdots + Z_\nu^2 \tag{8.17}$$
> とおく。この確率変数 χ^2 が従う確率分布を，自由度 ν の χ^2（カイ2乗）分布といい，χ_ν^2 で表す。

説明 χ^2 分布は，正規母集団における分散の区間推定や検定，適合性および分割表の独立性の検定などに使われる。自由度 ν の χ^2 分布 χ_ν^2 の確率密度関数は

$$f(x) = \frac{1}{2^{\frac{\nu}{2}} \Gamma\left(\frac{\nu}{2}\right)} x^{\frac{\nu-2}{2}} e^{-\frac{x}{2}} \tag{8.18}$$

平均 $E(X)$ と分散 $V(X)$ は，

$$E(X) = \nu, \qquad V(X) = 2\nu$$

である。ここで，$\Gamma(\nu)$ は $\nu > 0$ のときに

$$\Gamma(\nu) = \int_0^\infty x^{\nu-1} e^{-x} dx$$

で定義される関数で，**ガンマ関数**という。

ガンマ関数 $\Gamma(\nu)$ の性質：$\nu > 0$，自然数 n に対して

$$\Gamma(\nu+1) = \nu \Gamma(\nu), \ \Gamma(1) = 1, \ \Gamma\left(\frac{1}{2}\right) = \sqrt{\pi}, \ \Gamma(n+1) = n!$$

自由度 1 の χ^2 分布の確率密度関数は

$$f(x) = \frac{1}{\sqrt{2\pi}} x^{-\frac{1}{2}} e^{-\frac{x}{2}} \quad (x > 0)$$

である。自由度 ν の χ^2 分布 χ_ν^2 の確率密度関数が (8.18) で与えられることは，帰納法を用いて証明できる。

χ^2 分布のグラフは ν の値によって変化する。自由度 ν の χ^2 分布について
$$P(\chi_\nu^2 > a) = \alpha$$
を満たす a の値を χ_ν^2 で表し（図 8-2），巻末の数表 #11 はいろいろな自由度 ν と α に対する $\chi_\nu^2(\alpha)$ である。 (終)

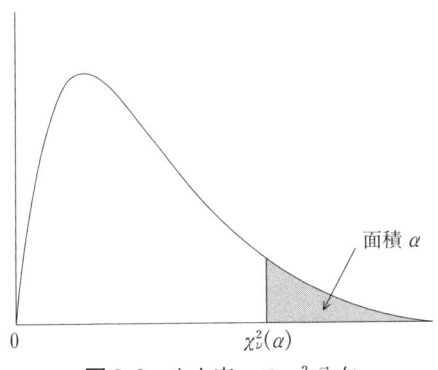

図 8-2 自由度 ν の χ^2 分布

定理 8.1

確率変数 $X_1, X_2, \cdots, X_n$ が互いに独立で，すべて正規分布 $N(\mu, \sigma^2)$ に従うとき，
$$\chi_n^2 = \sum_{k=1}^n \left(\frac{X_k - \mu}{\sigma}\right)^2$$
は自由度 n の χ^2 分布に従う。

証明 確率変数 $X_k (k = 1, 2, \cdots, n)$ を標準化した確率変数
$$Z_k = \frac{X_k - \mu}{\sigma}$$
は互いに独立で $N(0, 1)$ に従うから，(8.17) より成り立つ。 (終)

── χ^2 分布の再生性 ──

確率変数 X_1, X_2 が互いに独立で,それぞれ自由度 m, n の χ^2 分布 χ_m^2, χ_n^2 に従うとき,$X_1 + X_2$ は自由度 $(m + n)$ の χ^2 分布 $\chi_m^2 + \chi_n^2$ に従う。

説明 確率変数 X_1, X_2 は,それぞれ自由度 m と n の χ^2 分布に従うので,(8.17) より標準正規分布 $N(0, 1)$ に従う互いに独立な確率変数 Z_1, Z_2, $\cdots$, Z_m と Z_{m+1}, Z_{m+2}, $\cdots$, Z_{m+n} を用いて,それぞれ

$$X_1 = \chi_m^2 = Z_1^2 + Z_2^2 + \cdots + Z_m^2$$
$$X_2 = \chi_n^2 = Z_{m+1}^2 + Z_{m+2}^2 + \cdots + Z_{m+n}^2$$

とかけるから,和の確率分布は

$$X_1 + X_2 = Z_1^2 + Z_2^2 + \cdots + Z_m^2 + Z_{m+1}^2 + Z_{m+2}^2 + \cdots + Z_{m+n}^2$$

したがって,自由度 $(m + n)$ の χ^2 分布 $\chi_m^2 + \chi_n^2$ に従う。

すなわち,χ^2 分布には再生性がある。 (終)

── t 分布 ──

確率変数 X, Y が互いに独立で,X が標準正規分布 $N(0, 1)$ に従い,Y が自由度 ν の χ^2 分布に従うとき

$$T = \frac{X}{\sqrt{\dfrac{Y}{\nu}}} \tag{8.19}$$

とおく。この確率変数 T が従う確率分布を自由度 ν の t 分布という。

説明 t 分布は,正規母集団の母分散が未知のとき,母平均の区間推定や検定に使われる。また,二つの正規母集団の母分散が未知の場合でも,母分散が等しいことがわかっているとき,その母平均の差の検定などに使われる。

自由度 ν の t 分布の確率密度関数は

$$f(x) = \frac{\Gamma\left(\dfrac{\nu+1}{2}\right)}{\sqrt{\nu\pi}\,\Gamma\left(\dfrac{\nu}{2}\right)}\left(1+\frac{x^2}{\nu}\right)^{-\frac{\nu+1}{2}} \quad (\nu \geq 1,\ -\infty < x < \infty)$$

平均 $E(X)$ と分散 $V(X)$ は,

$$E(X) = 0 \quad (\nu \geq 2), \qquad V(X) = \frac{\nu}{\nu-2} \quad (\nu \geq 3)$$

t 分布のグラフ (図8-2) は,標準正規分布によく似た左右対称のグラフであるが,両端が正規分布より厚くなっている. t 分布は自由度 ν が大きくなるほど標準正規分布に近づき, $\nu > 30$ のときは標準正規分布で近似できる.

自由度 ν の t 分布について

$$P(|T| > t) = \alpha \quad \text{すなわち} \quad P(0 \leq T \leq t) = \frac{1-\alpha}{2}$$

を満たす t の値を $t_\nu(\alpha)$ で表し,巻末の数表#10 は, $\nu = 1\sim30$ の $t_\nu(\alpha)$ である.

(終)

F 分布

確率変数 X, Y が互いに独立で,それぞれ自由度 m, n の χ^2 分布に従うとき

$$F = \frac{\dfrac{X}{m}}{\dfrac{Y}{n}} \tag{8.20}$$

とおく.この確率変数 F が従う確率分布を自由度 $(m,\ n)$ の F 分布といい, F_n^m で表す.

説明 F 分布は,二つの正規母集団における母分散の間に差があるかどうかを検定するときに使われる. F が自由度 $(m,\ n)$ の F 分布に従うとき, $1/F$ は自由度 $(n,\ m)$ の F 分布に従う.

自由度 $(m,\ n)$ の F 分布 F_n^m の確率密度関数は

$$f(x) = \frac{\Gamma\left(\dfrac{m+n}{2}\right)}{\Gamma\left(\dfrac{m}{2}\right)\Gamma\left(\dfrac{n}{2}\right)}\left(\frac{m}{n}\right)^{\frac{m}{2}} x^{\frac{m-2}{2}}\left(1+\frac{m}{n}x\right)^{-\frac{m+n}{2}} \quad (x>0)$$

平均 $E(X)$ と分散 $V(X)$ は

$$E(X) = \frac{n}{n-2} \quad (n \geq 3),$$

$$V(X) = \frac{2n^2(m+n-2)}{m(n-2)^2(n-4)} \quad (n \geq 5)$$

F 分布のグラフは, m, n の値によって変化する. 自由度 (m, n) の F 分布について

$$P(F_n^m > a) = \alpha$$

を満たす a を $F_n^m(\alpha)$ で表し, 巻末数表#12 はいろいろな自由度についての $F_n^m(\alpha)$ である. また, 図8-3は $m=10$, $n=5$ のときのグラフである.

(終)

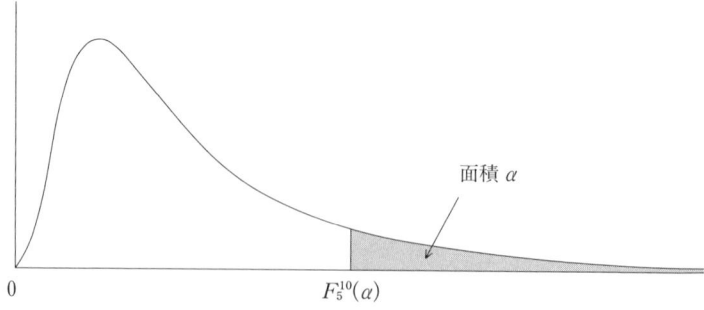

図8-3 自由度 $(10, 5)$ の F 分布

練習問題 8

[1] 次のような二つの箱A, Bがある. Aには青球3個, 白球6個, Bには青球5個, 白球4個が入っている. 2個の硬貨を投げ, 2個とも表が出たときはA, 1個でも裏が出たらBから1個の球を取り出すとする.

(1) 取り出された球が青である確率を求めよ.

(2) 取り出された球が白であるとき, それがAの箱からである確率を求め

よ．

2 病気 Y の集団検診では，その病気にかかっている人は 99 ％ の確率で陽性と判定される．また，その病気に似たより軽い病気 Z にかかっている人は 15 ％ の確率で陽性と判定され，どちらの病気でない人も 6 ％ の確率で誤って陽性と判定される．実際にその病気 Y にかかる確率は 1 ％，病気 Z にかかる確率は 5 ％ である．その集団検診を受けた人が陽性と判定されたとき，その人が実際にその病気 Y にかかっている確率を求めよ．

3 ある製品を三つの工場 A，B，C でそれぞれ 60 ％，25 ％，15 ％ ずつ生産している．A，B，C で不良品の出る割合はそれぞれ 0.5 ％，0.6 ％，0.8 ％ である．
(1) 製品全体から無作為に 1 個取り出したとき，不良品である確率を求めよ．
(2) 製品が不良品であるとき，A 工場の製品である確率を求めよ．

4 あるテレビの視聴率調査では，大きさ 1800 の無作為標本家庭を採用している．A 番組を，315 世帯が視聴しているという．
(1) 視聴率の 95 ％ 信頼区間を求めよ．
(2) 視聴率が 20 ％ 以下であることが予想されるとき，推定値の誤差が 0.01 以下である確率を 0.95 にするために必要な標本の大きさを求めよ．

5 ある製品を 300 個無作為抽出して不良品の数を調べたら，12 個含まれていた．この製品の不良品率を 95 ％ で区間推定せよ．

6 ある手術をした患者 130 人を無作為抽出し，1 年以内に亡くなった人を調べたら，36 人いた．この手術による 1 年生存率を 95 ％ で区間推定せよ．

7 無作為抽出した女子 20 人の血液中の赤血球数（万）を測ったところ，次のような結果を得た．一般女子の赤血球数の平均値と母分散の 95 ％ 信頼区間を求めよ．

424, 380, 447, 490, 500, 390, 453, 460, 482, 440
467, 438, 421, 398, 489, 452, 410, 406, 492, 435

8 A 工場でつくっている製品の無作為標本を 20 個取り出してその重さを測ったところ，次のような結果を得た．この製品の平均重量と母分散の 95

％信頼区間を求めよ。

200, 201, 200, 196, 201, 204, 200, 198, 199, 201
197, 200, 202, 198, 200, 200, 203, 201, 198, 199

9 ある国家試験の全国合格率は，58％である。その国家試験のA予備校の受験生は239人で143人合格した。この予備校の合格率は，全国平均より高いといえるか。有意水準5％で検定せよ。

10 ある町で昨年生まれた子供362人のうち，男の子が175人であった。男の子の生まれる割合は，0.5より小さいといえるか。有意水準5％で検定せよ。

11 A病院では，ある病気で入院した患者125人うち8人が死亡したという。B病院では，その病気で入院した患者341人うち16人が死亡したという。2つの病院で死亡率に差があるといえるか，有意水準5％で検定せよ。

12 草花の種をある場所で240粒まいたら，102粒発芽した。別の場所で180粒まいたら72粒発芽した。二つの場所で，この草花の発芽率に差があるといえるか，有意水準5％で検定せよ。

補 充 問 題

1 ジョーカーを除いた 52 枚のトランプ札をよく切って 1 枚選ぶ．それが，スペードである事象を S，エースである事象を A とするとき，次の確率を求め，S と A が独立であるかどうかを調べよ．また，$\overline{S}$ と $\overline{A}$ の独立性についても調べよ．

(1) $P(S \cap A)$ (2) $P(S \cup A)$ (3) $P(\overline{S})$

(4) $P_A(S)$, $P_S(A)$ (5) $P(\overline{S} \cap \overline{A})$ (6) $P_{\overline{S}}(\overline{A})$ 　　　　　[§2]

2 硬貨を 2 枚投げたとき，表が出たら $+3$，裏が出たら $+1$ の数字を対応させる．それぞれの硬貨の対応する数字を j と k とし，確率変数 X をその和
$$X = i + k$$
とする．X の確率分布，平均 $E(X)$，分散 $V(X)$ を求めよ． [§3]

3 A 社の薬は 8 割の人に効果があるという．7 人の患者のうち，この薬で効果のある人数を確率変数 X とするとき

(1) X の確率分布を求めよ．

(2) 3 人以下である確率を求めよ．

(3) 5 人以上である確率を求めよ． [§4]

4 内容総量が 160 g の H 水煮缶を製造している A 社では，製造後製品の品質検査を行っている．過去の経験からその製造ラインの缶詰のナトリウム含有量は，ほぼ正規分布に従っていることと，その標準偏差は $\sigma = 35$ であることがわかっている．そのラインから 25 個の無作為標本をとって検査したら，標本の平均ナトリウム含有量は，710 mg であった．

(1) この標本から，製造ラインの缶詰のナトリウム含有量の平均 m の 95 % 信頼区間を求めよ．

(2) 0.95 の確率で推定値の誤差 $(\bar{x} - m)$ を 10 mg 以下にするためには，標本の大きさをどれだけにすればよいか求めよ． [§7-3]

5 B 社で製造した内容総量 350 g の K シロップ漬けを製造ラインから無作為に 16 個取り出して，固形量を測定したら平均は 190 g であった．過去の経験からその製造ラインの K シロップ漬けの固形量はほぼ正規分布に従っており，標準偏差は $\sigma = 20$ g であることがわかっている．

(1) この標本から，K シロップ漬けの固形量の平均 m の 95 % 信頼区間を求めよ．

(2) 0.95 の確率で推定値の誤差を 6 g 以下にするためには，標本の大きさをど

れだけにすればよいか求めよ。 [§7-3]

6 ある製品の強度を調べるのに，20個の製品を無作為に抽出し強度試験をしたら，平均321.8 kgであった。この製品の強度は標準偏差5.0 kgの正規分布に従っているとする。
(1) 平均強度の95％信頼区間を求めよ。
(2) 0.95の確率で，推定値の誤差を1.5 kg以下にするために必要な標本の大きさを求めよ。 [§7-3]

7 無作為抽出した女子20人の血液中の赤血球数を測ったところ，次のような結果を得た（単位：万）。赤血球数の平均値の95％信頼区間を求めよ。
　　424, 380, 490, 500, 390, 453, 460, 436, 391, 453
　　467, 438, 421, 398, 489, 410, 406, 492, 382, 431 [§7-3]

8 Aパン工場で同一種類のパン16個の無作為標本を取り出してその重さを測ったところ，次のような結果を得た。このパンの平均重量の95％信頼区間を求めよ。
　　200, 201, 200, 196, 201, 198, 200, 199
　　204, 200, 198, 199, 200, 203, 198, 197 [§7-3]

9 $\bar{X} = 43$, $\sigma = 7$, $n = 100$ のとき，
　　$H_0 : m = 45$　　$H_1 : m \neq 45$
を有意水準5％で検定せよ。 [§7-4]

10 $\bar{X} = 43$, $\sigma = 7$, $n = 10$ のとき，
　　$H_0 : m = 45$　　$H_1 : m \neq 45$
を有意水準5％で検定せよ。 [§7-4]

11 40代前半の男性の最大血圧値は，平均130 mmHg，標準偏差15 mmHgの正規分布に従っているという。心筋梗塞の患者が多い地方で，40代前半の男性の最大血圧値が一般より高いかどうかを調べるために，64人を抽出し血圧を測定したら，平均は134 mmHgであった。有意水準5％で検定せよ。 [§7-4]

12 中学1年生の基礎学力検査の得点は，正規分布$N(60, 15^2)$に従っているという。A中学の無作為に抽出した1年生25名の平均点は63.5であった。この学校の1年生の基礎学力は平均的といえるか有意水準5％で検定せよ。 [§7-4]

13 高血圧の12人に，ある食事療法を1週間続けて，食事療法をする前と後の血圧を測定し，その差を調べたら
　　$-9, -4, -8, 0, -16, -15, 2, -5, 4, -7, -3, 4$
であった。この食事療法は血圧を下げるのに有効かどうかを有意水準5％で検定せよ。ただし，血圧の差は正規分布に従うものとする。 [§7-4]

14 産卵個数の増加が期待されるという新しい餌を，一定期間10羽の鶏に与え，その間の産卵個数を調べたら次の結果を得た．
$$22, 18, 16, 14, 21, 15, 16, 19, 17, 20$$
従来の餌では，平均産卵個数は16個であるという．有意水準5％で検定せよ．
[§7-4]

15 ある溶液の濃度(％)を，10回測定して次のデータを得た．
$$28.6, 31.1, 30.9, 29.5, 30.8, 29.8, 30.2, 28.9, 29.3, 30.5$$
この溶液の濃度は30％であるとみなせるか．有意水準5％で検定せよ．[§7-4]

16 メンデルの法則によれば，ある種の花はその交配の結果，4種類の色が9：3：3：1の割合になるという．実験でそれぞれの色の花が139, 45, 50, 16本得られたとき，この結果はメンデルの法則に適合していないかどうか有意水準5％で検定せよ．
[§7-5]

17 日本人の血液型の分布は，A型39％，O型29％，B型22％，AB型10％である．ある職場で血液型を調べたら，A型56，O型58，B型26，AB型10人であった．この職場での血液型の分布は日本人一般と異なる分布をしているとみなしてよいか，有意水準5％で検定せよ．
[§7-5]

18 ある病気の予防接種の効果があるかどうかを調べたところ，次のような結果が得られた．この予防接種は効果があるといえるか，有意水準5％で検定せよ．
[§7-5]

	病気になった	病気にならない	計
予防接種を受けた人	9	45	54
予防接種を受けない人	31	35	66
計	40	80	120

19 喫煙と，ある飲み物の好みとの関係を調べたら，次の表のようになった．喫煙とその飲み物の好みの間に関係があるかどうかを，有意水準5％で検定せよ． [§7-5]

	好む	好まない
喫煙	29	12
非喫煙	17	22

20 同一の板ガラス製品を二つの機械X, Yでつくっている．それぞれ40枚，50枚の製品を抽出して厚さを測ったら，次のようなデータを得た．
　機械X：平均1.30 mm，標準偏差0.04 mm
　機械Y：平均1.29 mm，標準偏差0.05 mm
製品の品質に違いがあるかどうか，有意水準5％で検定せよ． [§7-6]

21 A社とB社は，同じ種類の家電製品をつくっている．その家電製品，それぞ

れ50個の製品の寿命を調べたら，その平均について次のデータが得られた。A社とB社の品質に違いがあるといえるか有意水準5％で検定せよ。

　　　A社：平均1150時間，標準偏差60時間

　　　B社：平均1130時間，標準偏差70時間　　　　　　　　　　　［§7-6］

22 20匹の実験動物を無作為に2群に分け，A，B2種類の飼料を別々に一定期間与えた後，それぞれの体重増を調べたら，次のデータが得られた。A，Bそれぞれの体重増に有意差があるかどうかを有意水準5％で検定せよ。　［§7-6］

A	82	68	65	59	58	70	72	67	64	73
B	71	87	75	80	70	75	70	79	71	76

23 ある溶液の濃度をA，B2人の学生が8回測定して次の結果を得た。2人の測定結果に有意差があるか。有意水準5％で検定せよ。　［§7-6］

　　　　　A：18.9, 20.2, 17.9, 18.6, 18.7, 19.1, 21.3, 19.9
　　　　　B：21.2, 18.7, 19.6, 20.9, 19.9, 20.8, 20.2, 18.9

参 考 書

立花俊一・成田清正・奈良知恵『エクササイズ微分積分』共立出版
立花俊一・田川正賢・成田清正『エクササイズ確率・統計』共立出版
蓑谷千凰彦『統計学のはなし』東京図書
蓑谷千凰彦『推定と検定のはなし』東京図書
田川正賢『一般推計学』八千代出版
東京大学教養部統計学教室編『統計学入門』東京大学出版会
岡林茂義『統計学要論と演習』東京教学社
木戸睦彦・中島孝・高野勝男『数理統計演習』槇書店

練習問題解答

●練習問題 1

1. 次の 4 つの場合に分けて考える。
   - (i) 同じ数字を 3 個含む場合 {○○○△} 型　　48（個）
   - (ii) 同じ数字を 2 個ずつ含む場合 {○○△△} 型　　36（個）
   - (iii) 同じ数字を 2 個だけ含む場合 {○○△□} 型　　144（個）
   - (iv) 全部異なった数字の場合　　24（個）

   よって，$48 + 36 + 144 + 24 = 252$(個)

2. (1) $_9C_2 \cdot _7C_3 = 1260$　　(2) $_9C_3 \cdot _6C_3 = 1680$　　(3) $\dfrac{_9C_3 \cdot _6C_3}{3!} = 280$

3. (1) $_8C_3 \cdot _7C_2 = 392$(通り)　　(2) $_{15}C_5 - _7C_5 = 2982$(通り)

4. (1) $13 \times (52 - 4) = 624$(通り)
   (2) $_{13}C_2 \cdot _4C_2 \cdot _4C_2 \cdot (52 - 8) = 123552$(通り)
   (3) $13 \cdot _4C_2 \cdot _{12}C_3 \cdot 4^3 = 1098240$(通り)

5. $11^n = (10+1)^n = _nC_0 10^n + _nC_1 10^{n-1} + _nC_2 10^{n-2} + \cdots + _nC_n$,
   $11^5 = 161051$

6. 5 行目は，$_4C_0, _4C_1, _4C_2, _4C_3, _4C_4$ を表わす。$_nC_r$ の r を A の勝つ回数と考えれば，$r = 0, 1$ のときが，B が 4 回先に勝つ場合で，$r = 2, 3, 4$ のときが，A が 4 回先に勝つ場合の数を表わしているからパスカルの数三角形が使える。

   賭け金の分配方法は A : B = 7 : 57 の割合で分配する。

●練習問題 2

1. $\dfrac{5}{36}$

2. (1) $1 - _4C_0 \left(\dfrac{1}{6}\right)^0 \left(\dfrac{5}{6}\right)^4 = 0.518$
   (2) $1 - \left(\dfrac{35}{36}\right)^{24} = 0.4914$　　ゆえに，(1)の方が有利。
   (3) $n \geqq 24.6$　　ゆえに，25 回。

3. A : $\dfrac{21}{32}$, B : $\dfrac{11}{32}$

4. (1) $\dfrac{624}{_{52}C_5} = \dfrac{624}{2598960} = 0.00024$

(2) $\dfrac{13 \cdot 12 \cdot {}_4C_3 \cdot {}_4C_2}{{}_{52}C_5} = 0.0014405$ (3) $\dfrac{10 \times 4^5 - 36 - 4}{{}_{52}C_5} = 0.0039246$

(4) $\dfrac{13 \times {}_4C_3 \cdot {}_{48}C_2 - 3744}{{}_{52}C_5} = 0.0211284$

(5) 0.047539 (6) 0.422569 (7) 0.5011773

5 目の和が9になる確率と10になる確率は,それぞれ,

$$\dfrac{3 \times 6 + 2 \times 3 + 1}{216} = \dfrac{25}{216} \qquad \dfrac{3 \times 6 + 3 \times 3}{216} = \dfrac{27}{216}$$

●練習問題3

1 期待値 $E(X) = 3.5$, $\sigma(X) = \sqrt{\dfrac{35}{12}} = 1.708$

2 (1)

目の和 X	2	3	4	5	6	7	8	9	10	11	12
確率 P	$\dfrac{1}{36}$	$\dfrac{2}{36}$	$\dfrac{3}{36}$	$\dfrac{4}{36}$	$\dfrac{5}{36}$	$\dfrac{6}{36}$	$\dfrac{5}{36}$	$\dfrac{4}{36}$	$\dfrac{3}{36}$	$\dfrac{2}{36}$	$\dfrac{1}{36}$

(2) $E(X) = 7$, $V(X) = \dfrac{35}{6} = 5.833$, $\sigma(X) = \sqrt{\dfrac{35}{6}} = 2.415$

(3) $X_i (i = 1, 2)$ を, 2個のさいころそれぞれの出た目の数を表す確率変数とすると, $X = X_1 + X_2$ なので $E(X) = E(X_1) + E(X_2) = 7$, X_1 と X_2 はお互いに独立なので,

$$V(X) = V(X_1) + V(X_2) = \dfrac{35}{6} = 5.833$$

(4) $E(Y) = 55$ (百円), $\sigma(Y) = 12.075$

3 (1) サイコロの積の確率分布

X	1	2	3	4	5	6	8	9	10
$P(X)$	$\dfrac{1}{36}$	$\dfrac{2}{36}$	$\dfrac{2}{36}$	$\dfrac{3}{36}$	$\dfrac{2}{36}$	$\dfrac{4}{36}$	$\dfrac{2}{36}$	$\dfrac{1}{36}$	$\dfrac{2}{36}$
X	12	15	16	18	20	24	25	30	36
$P(X)$	$\dfrac{4}{36}$	$\dfrac{2}{36}$	$\dfrac{1}{36}$	$\dfrac{2}{36}$	$\dfrac{2}{36}$	$\dfrac{2}{36}$	$\dfrac{1}{36}$	$\dfrac{2}{36}$	$\dfrac{1}{36}$

(2) $E(X) = 12.25$ (3) $E(X) = E(X_1) E(X_2) = 12.25$

4 $E(X) = 1.2$, $V(X) = 0.84$, $\sigma(X) = 0.92$

●練習問題4

1 $p = 0.3$, $n = 7$ の二項分布, $P(X = r) = {}_7C_r (0.3)^r (0.7)^{7-r}$

$E(X) = 0.3 \times 7 = 2.1$ (日), $\sigma(X) = \sqrt{0.3 \times 0.7 \times 7} = 1.21$ (日)

$\boxed{2}$ $P\left(\left|\dfrac{r}{200} - 0.2\right| < \dfrac{1}{5}\right) \geqq 1 - \dfrac{0.2 \times 0.8}{200 \times (0.2)^2} = 0.98$　　98 %以上

$\boxed{3}$ $P(10 \leqq r \leqq 15) = 0.34837$

$\boxed{4}$ (1) 0.791, 2373 人　　(2) 55.1, 885 位　　(3) 0.232, 696 人

$\boxed{5}$ (1) 0.143　　(2) 1 床

$\boxed{6}$ 0.905, 0.090, 0.0045, 0.00015

●練習問題 5

$\boxed{1}$ (1) 59

(2)

階級	階級値	度数
27～36	31.5	3
37～46	41.5	6
47～56	51.5	10
57～66	61.5	12
67～76	71.5	9
77～86	81.5	5

(3) 仮平均 61.5, $\bar{x} = 58.8$, $v = 192.9$

(4) メジアン 60, モードの階級値 61.5

$\boxed{2}$ $\bar{x} = 158.3$, $v = 26.6$, $\sigma = 5.2$

●練習問題 6

$\boxed{1}$ 0.514

$\boxed{2}$ (1) -0.632　　(2) $y = -0.62x + 113.92$

$\boxed{3}$ $r = 0.520$　　$y = 0.67x + 17.49$

●練習問題 7

$\boxed{1}$ $\chi_0^2 = 0.0066 < 5.991 = \chi_2^2$ (5 %)

適合する。

x	0	1	2 以上
観測度数	109	65	26
期待度数	108.7	66.3	25.0

$\boxed{2}$ 省略

$\boxed{3}$ $T = 2.579 > t_{18}(0.05) = 2.101$

棄却される。

●練習問題 8

$\boxed{1}$ (1) $\dfrac{1}{2}$　　(2) $\dfrac{1}{6}$

$\boxed{2}$ 0.134

3 (1) 0.0057   (2) 0.526
4 (1) $0.157 < p < 0.193$ (2) 6147 世帯
5 $0.0178 < p < 0.0622$
6 $0.646 < p < 0.800$
7 $421.86 \leq m \leq 460.59$, $753.5 < \sigma^2 < 2779.0$
8 $198.99 \leq m \leq 200.81$, $2.186 < \sigma^2 < 8.061$
9 $Z = 0.57$, 棄却できない。全国平均より高いとはいえない。
10 $Z = -0.63$, 棄却できない。0.5 より小さいとはいえない。
11 $Z = 1.35$, 棄却できない。差があるとはいえない。
12 $Z = -0.515$, 棄却できない。差があるとはいえない。

補充問題解答

1 (1) $\dfrac{1}{52}$ (2) $\dfrac{4}{13}$ (3) $\dfrac{3}{4}$

(4) $P_A(S) = \dfrac{1}{4}$, $P_S(A) = \dfrac{1}{13}$, S と A は独立   (5) $\dfrac{9}{13}$

(6) $\dfrac{12}{13}$, $\overline{S}$ と $\overline{A}$ も独立

2 X の確率分布は, $P(X = 2) = 0.25$, $P(X = 4) = 0.5$, $P(X = 6) = 0.25$, $E(X) = 4$, $V(X) = 2$

3 (1) $P(X = x) = {}_7C_x(0.8)^x(0.2)^{7-x}(x = 0, 1, \cdots, 7)$ (2) 0.0047
    (3) 0.852

4 (1) 95 %信頼区間を求めるから, $\alpha = 0.05$, $\bar{x} = 710$, $\sigma = 35$, $n = 25$ を (7.2.3) に代入して

$$710 - 1.96 \cdot \dfrac{35}{\sqrt{25}} \leq m \leq 710 + 1.96 \cdot \dfrac{35}{\sqrt{25}}$$

計算して小数第2位まで求めると $696.28 \leq m \leq 723.72$ (mg)

(2) $P(|\bar{x} - \mu| \leq 10) = 0.95$ だから,

$$1.96 \cdot \dfrac{\sigma}{\sqrt{n}} \leq 10, \ \sigma = 35 \text{ なので, } \sqrt{n} \geq 6.86 \text{ より } n \geq (6.86)^2,$$

47 個以上にすればよい

5 (1) $180.2 \leq m \leq 199.8$ (2) $n \geq (6.53)^2$, 43 個以上
6 (1) $319.62 \leq m \leq 323.99$ (2) 43 個以上
7 $\bar{x} = 435.55$, $U = 38.8512$, $417.37 \leq m \leq 453.73$

[8] $\bar{x} = 199.625$, $U = 2.06155$, $198.53 \leqq m \leqq 200.72$

[9] $|Z| = 2.857 > 1.96$, H_0 は棄却される。

[10] $|Z| = 0.9035 < 1.96$, H_0 は棄却されない。

[11] $H_0 : m = 130$, $H_1 : m > 130$, $Z = 2.133 > 1.64$, H_0 は棄却される。すなわち、一般より高いといえる。

[12] $H_0 : m = 60$, $H_1 : m \neq 60$, $|Z| = 1.167 < 1.96$, H_0 は棄却できない。

[13] $H_0 : m = 0$, $H_1 : m < 0$, $\bar{x} = -4.75$, $U = 6.676$
$T = -2.46 < -t_{11}(0.10)$, 血圧を下げるのに有効であったと思われる。

[14] $H_0 : m = 16$, $H_1 : m > 16$, $T = 2.14 > t_9(0.10)$, H_0 を棄却する。

[15] $H_0 : m = 30.0$, $H_1 : m \neq 30.0$, $\bar{x} = 29.96$, $U = 0.8746$, $|T| = 0.1446 < t_9(0.05)$, H_0 は棄却できない。30%とみなせる。

[16] $\chi_0^2 = 0.31 < \chi_3^2(0.05) = 7.815$, 適合している。

[17] $\chi_0^2 = 8.09 > \chi_3^2(0.05) = 7.815$, 異なる分布をしている。

[18] $\chi_0^2 = 12.27 > \chi_1^2(0.05) = 3.84$, 効果がある。

[19] $\chi_0^2 = 5.97 > \chi_1^2(0.05) = 3.84$, 喫煙とその飲み物の好みには関係がある。

[20] $Z = 1.05 < z(0.025) = 1.96$, H_0 は棄却されない。すなわち、製品の品質に違いがあるとはいえない。

[21] $Z = 1.53 < 1.96$, 品質に違いがあるとはいえない。

[22] $F = 1.68 < F_9^9(0.05) = 3.18$, 等分散と考えてよい。
$|T| = 2.699 > t_{18}(0.025) = 2.101$, 体重増の平均は有意差がある。

[23] $F = 1.364 < F_7^7(0.05) = 3.79$, 等分散と考えてよい。
$|T| = 1.392 < t_{14}(0.025) = 2.145$, 有意差なし。

数　表

#1. $_nC_k$ 表
#2. e^a, e^{-a} 数値表
#3. Poisson 分布表
#4. 標準正規分布　確率値表
#5. 標準正規分布　積分表
#6. 定数の表
#7. 自然対数表
#8. 常用対数表
#9. 乱数表
#10. t-分布表
#11. χ^2-分布表
#12. F-分布表

#1.　$_nC_k$ 表（その1）

$$_nC_k = \frac{n!}{k!(n-k)!} = {}_nC_{n-k}$$

n\k	0	1	2	3	4	5	6	7	8	9	10	11	12	13	14	15	16	17	18	19
0	1	1	1	1	1	1	1	1	1	1	1	1	1	1	1	1	1	1	1	1
1		1	2	3	4	5	6	7	8	9	10	11	12	13	14	15	16	17	18	19
2			1	3	6	10	15	21	28	36	45	55	66	78	91	105	120	136	153	171
3				1	4	10	20	35	56	84	120	165	220	286	364	455	560	680	816	969
4					1	5	15	35	70	126	210	330	495	715	1001	1365	1820	2380	3060	3876
5						1	6	21	56	126	252	462	792	1287	2002	3003	4368	6188	8568	11628
6							1	7	28	84	210	462	924	1716	3003	5005	8008	12376	18564	27132
7								1	8	36	120	330	792	1716	3432	6435	11440	19448	31824	50388
8									1	9	45	165	495	1287	3003	6435	12870	24310	43758	75582
9										1	10	55	220	715	2002	5005	11440	24310	48620	92378

n\k	20	21	22	23	24	25	26	27	28	29
0	1	1	1	1	1	1	1	1	1	1
1	20	21	22	23	24	25	26	27	28	29
2	190	210	231	253	276	300	325	351	378	406
3	1140	1330	1540	1771	2024	2300	2600	2925	3276	3654
4	4845	5985	7315	8855	10626	12650	14950	17550	20475	23751
5	15504	20349	26334	33649	42504	53130	65780	80730	98280	1 18755
6	38760	54264	74613	1 00947	1 34596	1 77100	2 30230	2 96010	3 76740	4 75020
7	77520	1 16280	1 70544	2 45157	3 46104	4 80700	6 57800	8 88030	11 84040	15 60780
8	1 25970	2 03490	3 19770	4 90314	7 35471	10 81575	15 62275	22 20075	31 08105	42 92145
9	1 67960	2 93930	4 97420	8 17190	13 07504	20 42975	31 24550	46 86825	69 06900	100 15005
10	1 84756	3 52716	6 46646	11 44066	19 61256	32 68760	53 11735	84 36285	131 23110	200 30010
11			7 05432	13 52078	24 96144	44 57400	77 26160	130 37895	214 74180	345 97290
12					27 04156	52 00300	96 57700	173 83860	304 21755	518 95935
13							104 00600	200 58300	374 42160	678 63915
14									401 16600	775 58760

n\k	30	31	32	33	34	35	36	37
0	1	1	1	1	1	1	1	1
1	30	31	32	33	34	35	36	37
2	435	465	496	528	561	595	630	666
3	4060	4495	4960	5456	5984	6545	7140	7770
4	27405	31465	35960	40920	46376	52360	58905	66045
5	1 42506	1 69911	2 01376	2 37336	2 78256	3 24632	3 76992	4 35897
6	5 93775	7 36281	9 06192	11 07568	13 44904	16 23160	19 47792	23 24784
7	20 35800	26 29575	33 65856	42 72048	53 79616	67 24520	83 47680	102 95472
8	58 52925	78 88725	105 18300	138 84156	181 56204	235 35820	302 60340	386 08020
9	143 07150	201 60075	280 48800	385 67100	524 51256	706 07460	941 43280	1244 03620
10	300 45015	443 52165	645 12240	925 61040	1311 28140	1835 79396	2541 86856	3483 30136
11	546 27300	846 72315	1290 24480	1935 36720	2860 97760	4172 25900	6008 05296	8549 92152
12	864 93225	1411 20525	2257 92840	3548 17320	5483 54040	8344 51800	12516 77700	18524 82996
13	1197 59850	2062 53075	3473 73600	5731 66440	9279 83760	14763 37800	23107 89600	35624 67300
14	1454 22675	2651 82525	4714 35600	8188 09200	13919 75640	23199 59400	37962 97200	61070 86800
15	1551 17520	3005 40195	5657 22720	10371 58320	18559 67250	32479 43160	55679 02560	93641 99760
16			6010 80390	11668 03110	22039 61430	40599 28950	73078 72110	128757 74670
17					23336 06220	45375 67650	85974 96600	159053 68710
18							90751 35300	176726 31900

$_nC_k$表 (その2)

k \ n	38	39	40	41	42	43	44
0	1	1	1	1	1	1	1
1	38	39	40	41	42	43	44
2	703	741	780	820	861	903	946
3	8436	9139	9880	10660	11480	12341	13244
4	73815	82251	91390	1 01270	1 11930	1 23410	1 35751
5	5 01942	5 75757	6 58008	7 49398	8 50668	9 62598	10 86008
6	27 60681	32 62623	38 38380	44 96388	52 45786	60 96454	70 59052
7	126 20256	153 80937	186 43560	224 81940	269 78328	322 24114	383 20568
8	489 03492	615 23748	769 04685	955 48245	1180 30185	1450 08513	1772 32627
9	1630 11640	2119 15132	2734 38880	3503 43565	4458 91810	5639 21995	7089 30508
10	4727 33756	6357 45396	8476 60528	11210 99408	14714 42973	19173 34783	24812 56778
11	12033 22288	16760 56044	23118 01440	31594 61968	42805 61376	57520 04349	76693 39132
12	27074 75148	39107 97436	55868 53480	78986 54920	1 10581 16888	1 53386 78264	2 10906 82613
13	54149 50296	81224 25444	1 20332 22880	1 76200 76360	2 55187 31280	3 65768 48168	5 19155 26432
14	96695 54100	1 50845 04396	2 32069 29840	3 52401 52720	5 28602 29080	7 83789 60360	11 49558 08528
15	1 54712 86560	2 51408 40660	4 02253 45056	6 34322 74896	9 86724 27616	15 15326 56696	22 99116 17056
16	2 22399 74430	3 77112 60990	6 28521 01650	10 30774 46706	16 65097 21602	26 51821 49218	41 67148 05914
17	2 87811 43380	5 10211 17810	8 87323 78800	15 15844 80450	25 46619 27156	42 11716 48758	68 63537 97976
18	3 35780 00610	6 23591 43990	11 33802 61800	20 21126 40600	35 36971 21050	60 83590 48206	102 95306 96964
19	3 53452 63800	6 89232 64410	13 12824 08400	24 44626 70200	44 67753 10800	80 04724 31850	140 88314 80056
20			13 78465 28820	26 91289 37220	51 37916 07420	96 05669 18220	176 10393 50070
21					53 82578 74440	105 20494 81860	201 26164 00080
22							210 40989 63720

k \ n	45	46	47	48	49	50
0	1	1	1	1	1	1
1	45	46	47	48	49	50
2	990	1035	1081	1128	1176	1225
3	14190	15180	16215	17296	18424	19600
4	1 48995	1 63185	1 78365	1 94580	2 11876	2 30300
5	12 21759	13 70754	15 33939	17 12304	19 06884	21 18760
6	81 45060	93 66819	107 37573	122 71512	139 83816	158 90700
7	453 79620	535 24680	628 91499	736 29072	859 00584	998 84400
8	2155 53195	2609 32815	3144 57495	3773 48994	4509 78066	5368 78650
9	8861 63135	11017 16330	13626 49145	16771 06640	20544 55634	25054 33700
10	31901 87286	40763 50421	51780 66751	65407 15896	82178 22536	1 02722 78170
11	1 01505 95910	1 33407 83196	1 74171 33617	2 25952 00368	2 91359 16264	3 73537 38800
12	2 87600 21745	3 89106 17655	5 22514 00851	6 96685 34468	9 22637 34836	12 13996 51100
13	7 30062 09045	10 17662 30790	14 06768 48445	19 29282 49296	26 25967 83764	35 48605 18600
14	16 68713 34960	23 98775 44005	34 16437 74795	48 23206 23240	67 52488 72536	93 78456 56300
15	34 48674 25584	51 17387 60544	75 16163 04549	109 32600 79344	157 55807 02584	225 08295 75120
16	64 66264 22970	99 14938 48554	150 32326 09098	225 48489 13647	334 81089 92991	492 36896 95575
17	110 30686 03890	174 96950 26860	274 11888 75414	424 44214 64512	649 92703 98159	984 73793 91150
18	171 58844 94940	281 89530 98830	456 86481 25690	730 98370 01104	1155 42584 85616	1805 35288 83775
19	243 83621 77020	415 42466 71960	697 31997 70790	1154 18478 96480	1885 16848 97584	3040 59433 83200
20	316 98708 30126	560 82330 07146	976 24796 79106	1673 56794 49896	2827 75273 46376	4712 92122 43960
21	377 36557 50150	694 35265 80276	1255 17595 87422	2231 42392 66528	3904 99187 16424	6732 74460 62800
22	411 67153 63800	789 03711 13950	1483 38976 94226	2738 56572 81648	4969 98965 48176	8874 98152 64600
23		823 34307 27600	1612 38018 41550	3095 76995 35776	5834 33568 17424	10804 32533 65600
24				3224 76036 83100	6320 53032 18876	12154 86600 36300
25						12641 06064 37752

数 表 125

#2. e^a 数値表

a	0	1	2	3	4	5	6	7	8	9
.0	1.0000	1.0101	1.0202	1.0305	1.0408	1.0513	1.0618	1.0725	1.0833	1.0942
.1	1.1052	1.1163	1.1275	1.1388	1.1503	1.1618	1.1735	1.1853	1.1972	1.2092
.2	1.2214	1.2337	1.2461	1.2586	1.2712	1.2840	1.2969	1.3100	1.3231	1.3364
.3	1.3499	1.3634	1.3771	1.3910	1.4049	1.4191	1.4333	1.4477	1.4623	1.4770
.4	1.4918	1.5068	1.5220	1.5373	1.5527	1.5683	1.5841	1.6000	1.6161	1.6323
.5	1.6487	1.6653	1.6820	1.6989	1.7160	1.7333	1.7507	1.7683	1.7860	1.8040
.6	1.8221	1.8404	1.8589	1.8776	1.8965	1.9155	1.9348	1.9542	1.9739	1.9937
.7	2.0138	2.0340	2.0544	2.0751	2.0959	2.1170	2.1383	2.1598	2.1815	2.2034
.8	2.2255	2.2479	2.2705	2.2933	2.3164	2.3396	2.3632	2.3869	2.4109	2.4351
.9	2.4596	2.4843	2.5093	2.5345	2.5600	2.5857	2.6117	2.6379	2.6645	2.6912
1.0	2.7183	2.7456	2.7732	2.8011	2.8292	2.8577	2.8864	2.9154	2.9447	2.9743
1.1	3.0042	3.0344	3.0649	3.0957	3.1268	3.1582	3.1899	3.2220	3.2544	3.2871
1.2	3.3201	3.3535	3.3872	3.4212	3.4556	3.4903	3.5254	3.5609	3.5966	3.6328
1.3	3.6693	3.7062	3.7434	3.7810	3.8190	3.8574	3.8962	3.9354	3.9749	4.0149
1.4	4.0552	4.0960	4.1371	4.1787	4.2207	4.2631	4.3060	4.3492	4.3929	4.4371
1.5	4.4817	4.5267	4.5722	4.6182	4.6646	4.7115	4.7588	4.8066	4.8550	4.9037
1.6	4.9530	5.0028	5.0531	5.1039	5.1552	5.2070	5.2593	5.3122	5.3656	5.4195
1.7	5.4739	5.5290	5.5845	5.6407	5.6973	5.7546	5.8124	5.8709	5.9299	5.9895
1.8	6.0496	6.1104	6.1719	6.2339	6.2965	6.3598	6.4237	6.4883	6.5535	6.6194
1.9	6.6859	6.7531	6.8210	6.8895	6.9588	7.0287	7.0993	7.1707	7.2427	7.3155
2.0	7.3891	7.4633	7.5383	7.6141	7.6906	7.7679	7.8460	7.9248	8.0045	8.0849
2.1	8.1662	8.2482	8.3311	8.4149	8.4994	8.5849	8.6711	8.7583	8.8463	8.9352
2.2	9.0250	9.1157	9.2073	9.2999	9.3933	9.4877	9.5831	9.6794	9.7767	9.8749
2.3	9.9742	10.074	10.176	10.278	10.381	10.486	10.591	10.697	10.805	10.913
2.4	11.023	11.134	11.246	11.359	11.473	11.588	11.705	11.822	11.941	12.061
2.5	12.182	12.305	12.429	12.554	12.680	12.807	12.936	13.066	13.197	13.330
2.6	13.464	13.599	13.736	13.874	14.013	14.154	14.296	14.440	14.585	14.732
2.7	14.880	15.029	15.180	15.333	15.487	15.643	15.800	15.959	16.119	16.281
2.8	16.445	16.610	16.777	16.945	17.116	17.288	17.462	17.637	17.814	17.993
2.9	18.174	18.357	18.541	18.728	18.916	19.106	19.298	19.492	19.688	19.886
3.0	20.086	20.287	20.491	20.697	20.905	21.115	21.328	21.542	21.758	21.977
3.1	22.198	22.421	22.646	22.874	23.104	23.336	23.571	23.807	24.047	24.288
3.2	24.533	24.779	25.028	25.280	25.534	25.790	26.050	26.311	26.576	26.843
3.3	27.113	27.385	27.660	27.938	28.219	28.503	28.789	29.079	29.371	29.666
3.4	29.964	30.265	30.569	30.877	31.187	31.500	31.817	32.137	32.460	32.786
3.5	33.115	33.448	33.784	34.124	34.467	34.813	35.163	35.517	35.874	36.234
3.6	36.598	36.966	37.338	37.713	38.092	38.475	38.861	39.252	39.646	40.045
3.7	40.447	40.854	41.264	41.679	42.098	42.521	42.948	43.380	43.816	44.256
3.8	44.701	45.150	45.604	46.063	46.525	46.993	47.465	47.942	48.424	48.911
3.9	49.402	49.899	50.400	50.907	51.419	51.935	52.457	52.985	53.517	54.055
4.	54.598	60.340	66.686	73.700	81.451	90.017	99.484	109.95	121.51	134.29
5.	148.41	164.02	181.27	200.34	221.41	244.69	270.43	298.87	330.30	365.04
6.	403.43	445.86	492.75	544.57	601.85	665.14	735.10	812.41	897.85	992.27
7.	1096.6	1212.0	1339.4	1480.3	1636.0	1808.0	1998.2	2208.3	2440.6	2697.3
8.	2981.0	3294.5	3641.0	4023.9	4447.1	4914.8	5431.7	6002.9	6634.2	7332.0
9.	8103.1	8955.3	9897.1	10938	12088	13360	14765	16318	18034	19930
10.	22026									

e^{-a} 数值表

a	0	1	2	3	4	5	6	7	8	9
.0	1.00000	.99005	.98020	.97045	.96079	.95123	.94176	.93239	.92312	.91393
.1	.90484	.89583	.88692	.87810	.86936	.86071	.85214	.84366	.83527	.82696
.2	.81873	.81058	.80252	.79453	.78663	.77880	.77105	.76338	.75578	.74826
.3	.74082	.73345	.72615	.71892	.71177	.70469	.69768	.69073	.68386	.67706
.4	.67032	.66365	.65705	.65051	.64404	.63763	.63128	.62500	.61878	.61263
.5	.60653	.60050	.59452	.58860	.58275	.57695	.57121	.56553	.55990	.55433
.6	.54881	.54335	.53794	.53259	.52729	.52205	.51685	.51171	.50662	.50158
.7	.49659	.49164	.48675	.48191	.47711	.47237	.46767	.46301	.45841	.45384
.8	.44933	.44486	.44043	.43605	.43171	.42741	.42316	.41895	.41478	.41066
.9	.40657	.40252	.39852	.39455	.39063	.38674	.38289	.37908	.37531	.37158
1.0	.36788	.36422	.36060	.35701	.35345	.34994	.34646	.34301	.33960	.33622
1.1	.33287	.32956	.32628	.32303	.31982	.31664	.31349	.31037	.30728	.30422
1.2	.30119	.29820	.29523	.29229	.28938	.28650	.28365	.28083	.27804	.27527
1.3	.27253	.26982	.26714	.26448	.26185	.25924	.25666	.25411	.25158	.24908
1.4	.24660	.24414	.24171	.23931	.23693	.23457	.23224	.22993	.22764	.22537
1.5	.22313	.22091	.21871	.21654	.21438	.21225	.21014	.20805	.20598	.20393
1.6	.20190	.19989	.19790	.19593	.19398	.19205	.19014	.18825	.18637	.18452
1.7	.18268	.18087	.17907	.17728	.17552	.17377	.17204	.17033	.16864	.16696
1.8	.16530	.16365	.16203	.16041	.15882	.15724	.15567	.15412	.15259	.15107
1.9	.14957	.14808	.14661	.14515	.14370	.14227	.14086	.13946	.13807	.13670
2.0	.13534	.13399	.13266	.13134	.13003	.12873	.12745	.12619	.12493	.12369
2.1	.12246	.12124	.12003	.11884	.11765	.11648	.11533	.11418	.11304	.11192
2.2	.11080	.10970	.10861	.10753	.10646	.10540	.10435	.10331	.10228	.10127
2.3	.10026	.09926	.09827	.09730	.09633	.09537	.09442	.09348	.09255	.09163
2.4	.09072	.08982	.08892	.08804	.08716	.08629	.08543	.08458	.08374	.08291
2.5	.08208	.08127	.08046	.07966	.07887	.07808	.07730	.07654	.07577	.07502
2.6	.07427	.07353	.07280	.07208	.07136	.07065	.06995	.06925	.06856	.06788
2.7	.06721	.06654	.06587	.06522	.06457	.06393	.06329	.06266	.06204	.06142
2.8	.06081	.06020	.05961	.05901	.05843	.05784	.05727	.05670	.05613	.05558
2.9	.05502	.05448	.05393	.05340	.05287	.05234	.05182	.05130	.05079	.05029
3.0	.04979	.04929	.04880	.04832	.04783	.04736	.04689	.04642	.04596	.04550
3.1	.04505	.04460	.04416	.04372	.04328	.04285	.04243	.04200	.04159	.04117
3.2	.04076	.04036	.03996	.03956	.03916	.03877	.03839	.03801	.03763	.03725
3.3	.03688	.03652	.03615	.03579	.03544	.03508	.03474	.03439	.03405	.03371
3.4	.03337	.03304	.03271	.03239	.03206	.03175	.03143	.03112	.03081	.03050
3.5	.03020	.02990	.02960	.02930	.02901	.02872	.02844	.02816	.02788	.02760
3.6	.02732	.02705	.02678	.02652	.02625	.02599	.02573	.02548	.02522	.02497
3.7	.02472	.02448	.02423	.02399	.02375	.02352	.02328	.02305	.02282	.02260
3.8	.02237	.02215	.02193	.02171	.02149	.02128	.02107	.02086	.02065	.02045
3.9	.02024	.02004	.01984	.01964	.01945	.01925	.01906	.01887	.01869	.01850
4.	.018316	.016573	.014996	.013569	.012277	.011109	.010052	$.0^2 90953$	$.0^2 82297$	$.0^2 74466$
5.	$.0^2 67379$	$.0^2 60967$	$.0^2 55166$	$.0^2 49916$	$.0^2 45166$	$.0^2 40868$	$.0^2 36979$	$.0^2 33460$	$.0^2 30276$	$.0^2 27394$
6.	$.0^2 24788$	$.0^2 22429$	$.0^2 20294$	$.0^2 18363$	$.0^2 16616$	$.0^2 15034$	$.0^2 13604$	$.0^2 12309$	$.0^2 11138$	$.0^2 10078$
7.	$.0^3 91188$	$.0^3 82510$	$.0^3 74659$	$.0^3 67554$	$.0^3 61125$	$.0^3 55308$	$.0^3 50045$	$.0^3 45283$	$.0^3 40973$	$.0^3 37074$
8.	$.0^3 33546$	$.0^3 30354$	$.0^3 27465$	$.0^3 24852$	$.0^3 22487$	$.0^3 20347$	$.0^3 18411$	$.0^3 16659$	$.0^3 15073$	$.0^3 13639$
9.	$.0^3 12341$	$.0^3 11167$	$.0^3 10104$	$.0^4 91424$	$.0^4 82724$	$.0^4 74852$	$.0^4 67729$	$.0^4 61283$	$.0^4 55452$	$.0^4 50175$
10.	$.0^4 45400$									

数 表

#3. Poisson 分布表(その1)

$$e^{-m}\frac{m^x}{x!}$$

x \ m	0.1	0.2	0.3	0.4	0.5	0.6	0.7	0.8	0.9	1.0
0	.90484	.81873	.74082	.67032	.60653	.54881	.49659	.44933	.40657	.36788
1	.09048	.16375	.22225	.26813	.30327	.32929	.34761	.35946	.36591	.36788
2	.00452	.01638	.03334	.05363	.07582	.09879	.12166	.14379	.16466	.18394
3	.00015	.00109	.00333	.00715	.01264	.01976	.02839	.03834	.04940	.06131
4		.00006	.00025	.00072	.00159	.00296	.00497	.00767	.01112	.01533
5			.00002	.00006	.00016	.00036	.00070	.00123	.00100	.00307
6					.00001	.00004	.00008	.00016	.00030	.00051
7							.00001	.00002	.00004	.00007
8										.00001

x \ m	1.1	1.2	1.3	1.4	1.5	1.6	1.7	1.8	1.9	2.0
0	.32287	.30119	.27253	.24660	.22313	.20190	.18268	.16530	.14957	.13534
1	.36616	.36143	.35429	.34524	.33470	.32303	.31056	.29754	.28418	.27067
2	.20139	.21686	.23029	.24167	.25102	.25843	.26398	.26778	.26997	.27067
3	.07384	.08674	.09979	.11278	.12551	.13783	.14959	.16067	.17098	.18045
4	.02031	.02602	.03243	.03947	.04707	.05513	.06358	.07230	.08122	.09022
5	.00447	.00625	.00843	.01105	.01412	.01764	.02162	.02603	.03086	.03609
6	.00082	.00125	.00183	.00258	.00353	.00471	.00612	.00781	.00977	.01203
7	.00013	.00021	.00034	.00052	.00076	.00108	.00149	.00201	.00265	.00344
8	.00002	.00003	.00006	.00009	.00014	.00022	.00032	.00045	.00063	.00086
9			.00001	.00001	.00002	.00004	.00006	.00009	.00013	.00019
10							.00001	.00002	.00003	.00004
11										.00001

x \ m	2.1	2.2	2.3	2.4	2.5	2.6	2.7	2.8	2.9	3.0
0	.12246	.11080	.10026	.09072	.08209	.07427	.06721	.06081	.05502	.04979
1	.25716	.24377	.23060	.21772	.20521	.19311	.18146	.17027	.15957	.14936
2	.27002	.26814	.26519	.26127	.25652	.25105	.24496	.23838	.23137	.22404
3	.18901	.19664	.20331	.20901	.21376	.21757	.22047	.22248	.22366	.22404
4	.09923	.10815	.11690	.12541	.13360	.14142	.14882	.15574	.16215	.16803
5	.04168	.04759	.05378	.06020	.06680	.07354	.08036	.08721	.09405	.10082
6	.01459	.01745	.02061	.02408	.02783	.03183	.03616	.04070	.04546	.05041
7	.00438	.00548	.00677	.00826	.00994	.01184	.01395	.01628	.01883	.02160
8	.00115	.00151	.00195	.00248	.00311	.00385	.00471	.00570	.00683	.00810
9	.00027	.00037	.00050	.00066	.00086	.00111	.00141	.00177	.00220	.00270
10	.00006	.00008	.00011	.00016	.00022	.00029	.00038	.00050	.00064	.00081
11	.00001	.00002	.00002	.00004	.00005	.00007	.00009	.00013	.00017	.00022
12			.00001	.00001	.00001	.00002	.00002	.00003	.00004	.00006
13							.00001	.00001	.00001	.00001

Poisson 分布表（その2）

x \ m	3.1	3.2	3.3	3.4	3.5	3.6	3.7	3.8	3.9	4.0
0	.04505	.04076	.03688	.03337	.03020	.02732	.02472	.02237	.02024	.01832
1	.13965	.13035	.12171	.11347	.10570	.09837	.09148	.08501	.07894	.07326
2	.21646	.20870	.20083	.19290	.18496	.17706	.16923	.16152	.15394	.14653
3	.22368	.22262	.22091	.21862	.21579	.21247	.20872	.20459	.20012	.19537
4	.17335	.17809	.18225	.18583	.18881	.19122	.19307	.19436	.19512	.19537
5	.10748	.11398	.12029	.12636	.13217	.13768	.14287	.14771	.15219	.15629
6	.05553	.06079	.06616	.07160	.07710	.08261	.08810	.09355	.09893	.10420
7	.02459	.02779	.03119	.03478	.03855	.04248	.04657	.05079	.05512	.05955
8	.00953	.01112	.01287	.01478	.01687	.01912	.02154	.02412	.02687	.02977
9	.00328	.00395	.00472	.00558	.00656	.00765	.00885	.01019	.01164	.01323
10	.00102	.00127	.00156	.00190	.00230	.00275	.00328	.00387	.00454	.00529
11	.00029	.00037	.00047	.00059	.00073	.00090	.00110	.00134	.00161	.00193
12	.00007	.00010	.00013	.00017	.00021	.00027	.00034	.00042	.00052	.00064
13	.00002	.00002	.00003	.00004	.00006	.00008	.00010	.00012	.00016	.00020
14		.00001	.00001	.00001	.00001	.00002	.00003	.00003	.00004	.00006
15						.00001	.00001	.00001	.00001	.00002

x \ m	4.1	4.2	4.3	4.4	4.5	4.6	4.7	4.8	4.9	5.0
0	.01657	.01500	.01357	.01228	.01111	.01005	.00910	.00823	.00745	.00674
1	.06795	.06298	.05835	.05402	.04999	.04624	.04275	.03950	.03649	.03369
2	.13929	.13226	.12544	.11885	.11248	.10635	.10046	.09481	.08940	.08422
3	.19037	.18517	.17980	.17431	.16872	.16307	.15738	.15169	.14601	.14037
4	.19513	.19442	.19328	.19174	.18991	.18753	.18493	.18203	.17887	.17547
5	.16000	.16332	.16622	.16873	.17083	.17253	.17383	.17475	.17529	.17547
6	.10934	.11432	.11913	.12373	.12812	.13227	.13617	.13980	.14315	.14622
7	.06404	.06859	.07318	.07778	.08236	.08692	.09143	.09586	.10021	.10445
8	.03282	.03601	.03933	.04278	.04633	.04998	.05371	.05752	.06138	.06528
9	.01495	.01681	.01879	.02091	.02317	.02555	.02805	.03068	.03342	.03627
10	.00613	.00706	.00808	.00920	.01042	.01175	.01318	.01472	.01637	.01813
11	.00229	.00270	.00316	.00368	.00426	.00491	.00563	.00643	.00729	.00824
12	.00078	.00094	.00113	.00135	.00160	.00188	.00221	.00257	.00298	.00343
13	.00025	.00031	.00037	.00046	.00055	.00067	.00080	.00095	.00112	.00132
14	.00007	.00009	.00012	.00014	.00018	.00022	.00027	.00033	.00039	.00047
15	.00002	.00003	.00003	.00004	.00005	.00007	.00008	.00010	.00013	.00016
16	.00001	.00001	.00001	.00001	.00002	.00002	.00003	.00003	.00004	.00005
17						.00001	.00001	.00001	.00001	.00001

4. 標準正規分布 確率値表

$$x \to f(x) = \frac{1}{\sqrt{2\pi}} e^{-x^2/2}$$

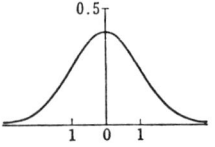

x	.00	.01	.02	.03	.04	.05	.06	.07	.08	.09
0.0	.3989	.3989	.3989	.3988	.3986	.3984	.3982	.3980	.3977	.3973
0.1	.3970	.3965	.3961	.3956	.3951	.3945	.3939	.3932	.3925	.3918
0.2	.3910	.3902	.3894	.3885	.3876	.3867	.3857	.3847	.3836	.3825
0.3	.3814	.3802	.3790	.3778	.3765	.3752	.3739	.3725	.3712	.3697
0.4	.3683	.3668	.3653	.3637	.3621	.3605	.3589	.3572	.3555	.3538
0.5	.3521	.3503	.3485	.3467	.3448	.3429	.3410	.3391	.3372	.3352
0.6	.3332	.3312	.3292	.3271	.3251	.3230	.3209	.3187	.3166	.3144
0.7	.3123	.3101	.3079	.3056	.3034	.3011	.2989	.2966	.2943	.2920
0.8	.2897	.2874	.2850	.2827	.2803	.2780	.2756	.2732	.2709	.2685
0.9	.2661	.2637	.2613	.2589	.2565	.2541	.2516	.2492	.2468	.2444
1.0	.2420	.2396	.2371	.2347	.2323	.2299	.2275	.2251	.2227	.2203
1.1	.2179	.2155	.2131	.2107	.2083	.2059	.2036	.2012	.1989	.1965
1.2	.1942	.1919	.1895	.1872	.1849	.1826	.1804	.1781	.1758	.1736
1.3	.1714	.1691	.1669	.1647	.1626	.1604	.1582	.1561	.1539	.1518
1.4	.1497	.1476	.1456	.1435	.1415	.1394	.1374	.1354	.1334	.1315
1.5	.1295	.1276	.1257	.1238	.1219	.1200	.1182	.1163	.1145	.1127
1.6	.1109	.1092	.1074	.1057	.1040	.1023	.1006	.0989	.0973	.0957
1.7	.0940	.0925	.0909	.0893	.0878	.0863	.0848	.0833	.0818	.0804
1.8	.0790	.0775	.0761	.0748	.0734	.0721	.0707	.0694	.0681	.0669
1.9	.0656	.0644	.0632	.0620	.0608	.0596	.0584	.0573	.0562	.0551
2.0	.0540	.0529	.0519	.0508	.0498	.0488	.0478	.0468	.0459	.0449
2.1	.0440	.0431	.0422	.0413	.0404	.0396	.0387	.0379	.0371	.0363
2.2	.0355	.0347	.0339	.0332	.0325	.0317	.0310	.0303	.0297	.0290
2.3	.0283	.0277	.0270	.0264	.0258	.0252	.0246	.0241	.0235	.0229
2.4	.0224	.0219	.0213	.0208	.0203	.0198	.0194	.0189	.0184	.0180
2.5	.0175	.0171	.0167	.0163	.0158	.0154	.0151	.0147	.0143	.0139
2.6	.0136	.0132	.0129	.0126	.0122	.0119	.0116	.0113	.0110	.0107
2.7	.0104	.0101	.0099	.0096	.0093	.0091	.0088	.0086	.0084	.0081
2.8	.0079	.0077	.0075	.0073	.0071	.0069	.0067	.0065	.0063	.0061
2.9	.0060	.0058	.0056	.0055	.0053	.0051	.0050	.0048	.0047	.0046
3.0	.0044	.0043	.0042	.0040	.0039	.0038	.0037	.0036	.0035	.0034
3.1	.0033	.0032	.0031	.0030	.0029	.0028	.0027	.0026	.0025	.0025
3.2	.0024	.0023	.0022	.0022	.0021	.0020	.0020	.0019	.0018	.0018
3.3	.0017	.0017	.0016	.0016	.0015	.0015	.0014	.0014	.0013	.0013
3.4	.0012	.0012	.0012	.0011	.0011	.0010	.0010	.0010	.0009	.0009

#5. 標準正規分布 積分表

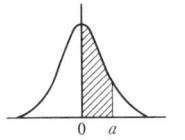

$$\int_0^a \frac{1}{\sqrt{2\pi}} e^{-t^2/2} dt$$

a	.00	.01	.02	.03	.04	.05	.06	.07	.08	.09
.0	.00000	.00399	.00798	.01197	.01595	.01994	.02392	.02790	.03188	.03586
.1	.03983	.04380	.04776	.05172	.05567	.05962	.06356	.06749	.07142	.07535
.2	.07926	.08317	.08706	.09095	.09483	.09871	.10257	.10642	.11026	.11409
.3	.11791	.12172	.12552	.12930	.13307	.13683	.14058	.14431	.14803	.15173
.4	.15542	.15910	.16276	.16640	.17003	.17364	.17724	.18082	.18439	.18793
.5	.19146	.19497	.19847	.20194	.20540	.20884	.21226	.21566	.21904	.22240
.6	.22575	.22907	.23237	.23565	.23891	.24215	.24537	.24857	.25175	.25490
.7	.25804	.26115	.26424	.26730	.27035	.27337	.27637	.27935	.28230	.28524
.8	.28814	.29103	.29389	.29673	.29955	.30234	.30511	.30785	.31057	.31327
.9	.31594	.31859	.32121	.32381	.32639	.32894	.33147	.33398	.33646	.33891
1.0	.34134	.34375	.34614	.34850	.35083	.35314	.35543	.35769	.35993	.36214
1.1	.36433	.36650	.36864	.37076	.37286	.37493	.37698	.37900	.38100	.38298
1.2	.38493	.38686	.38877	.39065	.39251	.39435	.39617	.39796	.39973	.40147
1.3	.40320	.40490	.40658	.40824	.40988	.41149	.41309	.41466	.41621	.41774
1.4	.41924	.42073	.42220	.42364	.42507	.42647	.42786	.42922	.43056	.43189
1.5	.43319	.43448	.43574	.43699	.43822	.43943	.44062	.44179	.44295	.44408
1.6	.44520	.44630	.44738	.44845	.44950	.45053	.45154	.45254	.45352	.45449
1.7	.45543	.45637	.45728	.45818	.45907	.45994	.46080	.46164	.46246	.46327
1.8	.46407	.46485	.46562	.46638	.46712	.46784	.46856	.46926	.46995	.47062
1.9	.47128	.47193	.47257	.47320	.47381	.47441	.47500	.47558	.47615	.47670
2.0	.47725	.47778	.47831	.47882	.47932	.47982	.48030	.48077	.48124	.48169
2.1	.48214	.48257	.48300	.48341	.48382	.48422	.48461	.48500	.48537	.48574
2.2	.48610	.48645	.48679	.48713	.48745	.48778	.48809	.48840	.48870	.48899
2.3	.48928	.48956	.48983	.49010	.49036	.49061	.49086	.49111	.49134	.49158
2.4	.49180	.49202	.49224	.49245	.49266	.49286	.49305	.49324	.49343	.49361
2.5	.49379	.49396	.49413	.49430	.49446	.49461	.49477	.49492	.49506	.49520
2.6	.49534	.49547	.49560	.49573	.49585	.49598	.49609	.49621	.49632	.49643
2.7	.49653	.49664	.49674	.49683	.49693	.49702	.49711	.49720	.49728	.49736
2.8	.49744	.49752	.49760	.49767	.49774	.49781	.49788	.49795	.49801	.49807
2.9	.49813	.49819	.49825	.49831	.49836	.49841	.49846	.49851	.49856	.49861
3.0	.49865	.49869	.49874	.49878	.49882	.49886	.49889	.49893	.49897	.49900
3.1	.49903	.49906	.49910	.49913	.49916	.49918	.49921	.49924	.49926	.49929
3.2	.49931	.49934	.49936	.49938	.49940	.49942	.49944	.49946	.49948	.49950
3.3	.49952	.49953	.49955	.49957	.49958	.49960	.49961	.49962	.49964	.49965
3.4	.49966	.49968	.49969	.49970	.49971	.49972	.49973	.49974	.49975	.49976
3.5	.49977	.49978	.49978	.49979	.49980	.49981	.49981	.49982	.49983	.49983
3.6	.49984	.49985	.49985	.49986	.49986	.49987	.49987	.49988	.49988	.49989
3.7	.49989	.49990	.49990	.49990	.49991	.49991	.49992	.49992	.49992	.49992
3.8	.49993	.49993	.49993	.49994	.49994	.49994	.49994	.49995	.49995	.49995
3.9	.49995	.49995	.49996	.49996	.49996	.49996	.49996	.49996	.49997	.49997

#6. 定数の表

	x	$\sqrt{x}$	$1/x$	$1/\sqrt{x}$	$\ln x$
2	2.00000 00000 00000	1.41421 35623 73095	.50000 00000 00000	.70710 67811 86548	.69314 71805 59945
3	3.00000 00000 00000	1.73205 08075 68877	.33333 33333 33333	.57735 02691 89626	1.09861 22886 68110
4	4.00000 00000 00000	2.00000 00000 00000	.25000 00000 00000	.50000 00000 00000	1.38629 43611 19891
5	5.00000 00000 00000	2.23606 79774 99790	.20000 00000 00000	.44721 35954 99958	1.60943 79124 34100
6	6.00000 00000 00000	2.44948 97427 83178	.16666 66666 66667	.40824 82904 63863	1.79175 94692 28055
7	7.00000 00000 00000	2.64575 13110 64591	.14285 71428 57143	.37796 44730 09227	1.94591 01490 55313
8	8.00000 00000 00000	2.82842 71247 46190	.12500 00000 00000	.35355 33905 93274	2.07944 15416 79836
9	9.00000 00000 00000	3.00000 00000 00000	.11111 11111 11111	.33333 33333 33333	2.19722 45773 36219
10	10.00000 00000 00000	3.16227 76601 68379	.10000 00000 00000	.31622 77660 16838	2.30258 50929 94046
π	3.14159 26535 89793	1.77245 38509 05516	.31830 98861 83791	.56418 95835 47756	1.14472 98858 49400
2π	6.28318 53071 79586	2.50662 82746 31001	.15915 49430 91895	.39894 22804 01433	1.83787 70664 09345
$\pi/2$	1.57079 63267 94897	1.25331 41373 15500	.63661 97723 67581	.79788 45608 02865	.45158 27052 89455
$\pi/180$	.01745 32925 19943	.13211 09099 20200	57.29577 95130 82321	7.56939 75660 60480	−4.04822 69650 40810
$(\pi/180)^2$	.00030 46174 19787	.01745 32925 19943	3282.80635 00117 43795	57.29577 95130 82321	−8.09645 39300 81620
e	2.71828 18284 59045	1.64872 12707 00128	.36787 94411 71442	.60653 06597 12633	1.00000 00000 00000
γ	.57721 56649 01533	.75974 71058 85592	1.73245 47146 00633	1.31622 74554 95680	−.54953 93129 81645
$\Gamma(1/4)$	3.62560 99082 21908	1.90410 34394 75363	.27581 56628 30209	.52518 15522 56179	1.28802 25246 98077
$\Gamma(1/3)$	2.67893 85347 07748	1.63674 63257 04673	.37328 21739 07395	.61096 82265 93982	.98542 06469 27767
$\Gamma(1/2)$	1.77245 38509 05516	1.33133 53638 00390	.56418 95835 47756	.75112 55444 64942	.57236 49429 24700
$\Gamma(2/3)$	1.35411 79394 26400	1.16366 57335 44818	.73848 81116 21648	.85935 33101 24333	.30315 02751 47524
$\Gamma(3/4)$	1.22541 67024 65178	1.10698 54120 38107	.81604 89390 98263	.90335 42710 90951	.20328 09514 31295
$\Gamma(1)$	1.00000 00000 00000	1.00000 00000 00000	1.00000 00000 00000	1.00000 00000 00000	.00000 00000 00000
$\Gamma(5/4)$	.90640 24770 55477	.95205 17197 37682	1.10326 26513 20837	1.05036 31045 12357	−.09827 18364 21813
$\Gamma(4/3)$	.89297 95115 69249	.94497 59317 40724	1.11984 65217 22186	1.05822 80102 71031	−.11319 16417 40343
$\Gamma(3/2)$	.88622 69254 52758	.94139 62637 76715	1.12837 91670 95513	1.06225 19320 27197	−.12078 22376 35245
$\Gamma(5/3)$	.90274 52929 50934	.95012 90927 80724	1.10773 21674 32472	1.05248 85592 88163	−.10231 48329 60641
$\Gamma(7/4)$	.91906 25268 48883	.95867 74884 43785	1.08806 52521 31017	1.04310 36631 75917	−.08440 11210 20486
$\Gamma(2)$	1.00000 00000 00000	1.00000 00000 00000	1.00000 00000 00000	1.00000 00000 00000	.00000 00000 00000

π

3.14159 26535 89793 23846 26433 83279 50288 41971 69399 37510 58209 74944 59230 78164 06286 20699 86280 34825 34211 70679 82148 08651 32823 06647 09384 46095 50582 23172 53594 08128 48111 74502 84102 70193 85211 05559 64462 29489 54930 38196

$\sqrt{\pi}$

1.77245 38509 05516 02729 81674 83341 14518 27975 49456 12238 71282 13807 78985 29112 84591 03218 13749 50656 73854 46654 16226 82362 42825 70666 23615 28657 24422 60252 50937 09602 78706 84620 37698 65310 51228 49925 17302 89508 26228 93209

e

2.71828 18284 59045 23536 02874 71352 66249 77572 47093 69995 95749 66967 62772 40766 30353 54759 45713 82178 52516 64274 27466 39193 20030 59921 81741 35966 29043 57290 03342 95260 59563 07381 32328 62794 34907 63233 82988 07531 95251 01901

常用対数を自然対数に変換するための補助表

n	10^n	$n \ln 10$
1	10.	2.30258 50929 94046
2	100.	4.60517 01859 88091
3	1000.	6.90775 52789 82137
4	10000.	9.21034 03719 76183
5	100000.	11.51292 54649 70228
6	1000000.	13.81551 05579 64274
7	10000000.	16.11809 56509 58320
8	100000000.	18.42068 07439 52365
9	1000000000.	20.72326 58369 46411
10	10000000000.	23.02585 09299 40457

#7. 自然対数表（その1）

	.00	.01	.02	.03	.04	.05	.06	.07	.08	.09
1.0	0.0000	0.0100	0.0198	0.0296	0.0392	0.0488	0.0583	0.0677	0.0770	0.0862
1.1	.0953	.1044	.1133	.1222	.1310	.1398	.1484	.1570	.1655	.1740
1.2	.1823	.1906	.1989	.2070	.2151	.2231	.2311	.2390	.2469	.2546
1.3	.2624	.2700	.2776	.2852	.2927	.3001	.3075	.3148	.3221	.3293
1.4	.3365	.3436	.3507	.3577	.3646	.3716	.3784	.3853	.3920	.3988
1.5	.4055	.4121	.4187	.4253	.4318	.4383	.4447	.4511	.4574	.4637
1.6	.4700	.4762	.4824	.4886	.4947	.5008	.5068	.5128	.5188	.5247
1.7	5306	.5365	.5423	.5481	.5539	.5596	.5653	.5710	5766	.5822
1.8	.5878	.5933	.5988	.6043	.6098	.6152	.6206	.6259	.6313	.6366
1.9	.6419	.6471	.6523	.6575	.6627	.6678	.6729	.6780	.6831	.6881
2.0	.6931	.6981	.7031	.7080	.7129	.7178	.7227	.7275	.7324	.7372
2.1	.7419	.7467	.7514	.7561	.7608	.7655	.7701	.7747	.7793	.7839
2.2	.7885	.7930	.7975	.8020	.8065	.8109	.8154	.8198	.8242	.8286
2.3	.8329	.8372	.8416	.8459	.8502	.8544	.8587	.8629	.8671	.8713
2.4	.8755	.8796	.8838	.8879	.8920	.8961	.9002	.9042	.9083	.9123
2.5	.9163	.9203	.9243	.9282	.9322	.9361	.9400	.9439	.9478	.9517
2.6	.9555	.9594	0.9632	0.9670	0.9708	0.9746	0.9783	0.9821	0.9858	0.9895
2.7	0.9933	0.9969	1.0006	1.0043	1.0080	1.0116	1.0152	1.0188	1.0225	1.0260
2.8	1.0296	1.0332	.0367	.0403	.0438	.0473	.0508	1.0543	.0578	.0613
2.9	.0647	.0682	.0716	.0750	.0784	.0818	.0852	1.0886	.0919	.0953
3.0	.0986	.1019	.1053	.1086	.1119	.1151	.1184	.1217	.1249	.1282
3.1	.1314	.1346	.1378	.1410	.1442	.1474	.1506	.1537	.1569	.1600
3.2	.1632	.1663	.1694	.1725	.1756	.1787	.1817	.1848	.1878	.1900
3.3	.1939	.1969	.2000	.2030	.2060	.2090	.2119	.2149	.2179	.2208
3.4	.2238	.2267	.2296	.2326	.2355	.2384	.2413	.2442	.2470	.2499
3.5	.2528	.2556	.2585	.2613	.2641	.2669	.2698	.2726	.2754	.2782
3.6	.2809	.2837	.2865	.2892	.2920	.2947	.2975	.3002	.3029	.3056
3.7	.3083	.3110	.3137	.3164	.3191	.3318	.3244	.3271	.3297	.3324
3.8	.3350	.3376	.3403	.3429	.3455	.3481	.3507	.3533	.3558	.3584
3.9	.3610	.3635	.3661	.3686	.3712	.3737	.3762	.3788	.3813	.3838
4.0	.3863	.3888	.3913	.3938	.3962	.3987	.4012	.4036	.4061	.4085
4.1	.4110	.4134	.4159	.4183	.4207	.4231	.4255	.4279	.4303	.4327
4.2	.4351	.4375	.4398	.4422	.4446	.4469	.4493	.4516	.4540	.4563
4.3	.4586	.4609	.4633	.4656	.4679	.4702	.4725	.4748	.4770	.4793
4.4	.4816	.4839	.4861	.4884	.4907	.4929	.4951	.4974	.4996	.5019
4.5	.5041	.5063	.5085	.5107	.5129	.5151	.5173	.5195	.5217	.5239
4.6	.5261	.5282	.5304	.5326	.5347	.5369	.5390	.5412	.5433	.5454
4.7	.5476	.5497	.5518	.5539	.5560	.5581	.5602	.5623	.5644	.5665
4.8	.5686	.5707	.5728	.5748	.5769	.5790	.5810	.5831	.5851	.5872
4.9	.5892	.5913	.5933	.5953	.5974	.5994	.6014	.6034	.6054	.6074
5.0	.6094	.6114	.6134	.6154	.6174	.6194	.6214	.6233	.6253	.6273
5.1	.6292	.6312	.6332	.6351	.6371	.6390	.6409	.6129	.6448	.6167
5.2	.6487	.6506	.6525	.6544	.6563	.6582	.6601	.6620	.6639	.6658
5.3	.6677	.6696	.6715	.6734	.6752	.6771	.6790	.6808	.6827	.6845
5.4	1.6864	1.6882	1.6901	1.6919	1.6938	1.6956	1.6974	1.6993	1.7011	1.7029

自然対数表（その2）

	.00	.01	.02	.03	.04	.05	.06	.07	.08	.09
5.5	1.7047	1.7066	1.7084	1.7102	1.7120	1.7138	1.7156	1.7174	1.7192	1.7210
5.6	.7228	.7246	.7263	.7281	.7299	.7317	.7334	.7352	.7370	.7387
5.7	.7405	.7422	.7440	.7457	.7475	.7492	.7509	.7527	.7544	.7561
5.8	.7579	.7596	.7613	.7630	.7647	.7664	.7681	.7699	.7716	.7733
5.9	.7750	.7766	.7783	.7800	.7817	.7843	.7851	.7867	.7884	.7901
6.0	.7918	.7934	.7951	.7967	.7984	.8001	.8017	.8034	.8050	.8066
6.1	.8083	.8099	.8116	.8132	.8148	.8165	.8181	.8197	.8213	.8229
6.2	.8245	.8262	.8278	.8294	.8310	.8326	.8342	.8358	.8374	.8390
6.3	.8405	.8421	.8437	.8453	.8469	.8485	.8500	.8516	.8532	.8547
6.4	.8563	.8579	.8594	.8610	.8625	.8641	.8656	.8672	.8687	.8703
6.5	.8718	.8733	.8749	.8764	.8779	.8795	.8810	.8825	.8840	.8856
6.6	.8871	.8886	.8901	.8916	.8931	.8946	.8961	.8976	.8991	.9006
6.7	.9021	.9036	.9051	.9066	.9081	.9095	.9110	.9125	.9140	.9155
6.8	.9169	.9184	.9199	.9213	.9228	.9242	.9257	.9272	.9286	.9301
6.9	.9315	.9330	.9344	.9359	.9373	.9387	.9402	.9416	.9430	.9445
7.0	.9459	.9473	.9488	.9502	.9516	.9530	.9544	.9559	.9573	.9587
7.1	.9601	.9615	.9629	.9643	.9657	.9671	.9685	.9699	.9713	.9727
7.2	.9741	.9755	.9769	.9782	.9796	.9810	.9824	.9838	.9851	1.9865
7.3	1.9879	.9892	.9906	.9920	.9933	.9947	.9961	.9974	.9988	2.0001
7.4	2.0015	.0028	.0042	.0055	.0069	.0082	.0096	.0109	.0122	.0136
7.5	.0149	.0162	.0176	.0189	.0202	.0215	.0229	.0242	.0255	.0268
7.6	.0281	.0295	.0308	.0321	.0334	.0347	.0360	.0373	.0386	.0399
7.7	.0412	.0425	.0438	.0451	.0464	.0477	.0490	.0503	.0516	.0528
7.8	.0541	.0554	.0567	.0580	.0592	.0605	.0618	.0631	.0643	.0656
7.9	.0669	.0681	.0694	.0707	.0719	.0732	.0744	.0757	.0769	.0782
8.0	.0794	.0807	.0819	.0832	.0844	.0857	.0869	.0882	.0894	.0906
8.1	.0919	.0931	.0943	.0956	.0968	.0980	.0992	.1005	.1017	.1029
8.2	.1041	.1054	.1066	.1078	.1090	.1102	.1114	.1126	.1138	.1150
8.3	.1163	.1175	.1187	.1199	.1211	.1223	.1235	.1247	.1258	.1270
8.4	.1282	.1294	.1306	.1318	.1330	.1342	.1353	.1365	.1377	.1389
8.5	.1401	.1412	.1424	.1436	.1448	.1459	.1471	.1483	.1494	.1506
8.6	.1518	.1529	.1541	.1552	.1564	.1576	.1587	.1599	.1610	.1622
8.7	.1633	.1645	.1656	.1668	.1679	.1691	.1702	.1713	.1725	.1736
8.8	.1748	.1759	.1770	.1782	.1793	.1804	.1815	.1827	.1838	.1849
8.9	.1861	.1872	.1883	.1894	.1905	.1917	.1928	.1939	.1950	.1961
9.0	.1972	.1983	.1994	.2006	.2017	.2028	.2039	.2050	.2061	.2072
9.1	.2083	.2094	.2105	.2116	.2127	.2138	.2148	.2159	.2170	.2181
9.2	.2192	.2203	.2214	.2225	.2235	.2246	.2257	.2268	.2279	.2289
9.3	.2300	.2311	.2322	.2332	.2343	.2354	.2364	.2375	.2386	.2396
9.4	.2407	.2418	.2428	.2439	.2450	.2460	.2471	.2481	.2492	.2502
9.5	.2513	.2523	.2534	.2544	.2555	.2565	.2576	.2586	.2597	.2607
9.6	.2618	.2628	.2638	.2649	.2659	.2670	.2680	.2690	.2701	.2711
9.7	.2721	.2732	.2742	.2752	.2762	.2773	.2783	.2793	.2803	.2814
9.8	.2824	.2834	.2844	.2854	.2865	.2875	.2885	.2895	.2905	.2915
9.9	2.2925	.2935	.2946	.2956	.2966	.2976	.2986	.2996	.3006	.3016
10.0	2.3026									

#8. 常用対数表（その1）

数	0	1	2	3	4	5	6	7	8	9	比例部分 1 2 3	4 5 6	7 8 9
1.0	.0000	.0043	.0086	.0128	.0170	.0212	.0253	.0294	.0334	.0374	4 8 12	17 21 25	29 33 37
1.1	.0414	.0453	.0492	.0531	.0569	.0607	.0645	.0682	.0719	.0755	4 8 11	15 19 23	26 30 34
1.2	.0792	.0828	.0864	.0899	.0934	.0969	.1004	.1038	.1072	.1106	3 7 10	14 17 21	24 28 31
1.3	.1139	.1173	.1206	.1239	.1271	.1303	.1335	.1367	.1399	.1430	3 6 10	13 16 19	23 26 29
1.4	.1461	.1492	.1523	.1553	.1584	.1614	.1644	.1673	.1703	.1732	3 6 9	12 15 18	21 24 27
1.5	.1761	.1790	.1818	.1847	.1875	.1903	.1931	.1959	.1987	.2014	3 6 8	11 14 17	20 22 25
1.6	.2041	.2068	.2095	.2122	.2148	.2175	.2201	.2227	.2253	.2279	3 5 8	11 13 16	18 21 24
1.7	.2304	.2330	.2355	.2380	.2405	.2430	.2455	.2480	.2504	.2529	2 5 7	10 12 15	17 20 22
1.8	.2553	.2577	.2601	.2625	.2648	.2672	.2695	.2718	.2742	.2765	2 5 7	9 12 14	16 19 21
1.9	.2788	.2810	.2833	.2856	.2878	.2900	.2923	.2945	.2967	.2989	2 4 7	9 11 13	16 18 20
2.0	.3010	.3032	.3054	.3075	.3096	.3118	.3139	.3160	.3181	.3201	2 4 6	8 11 13	15 17 19
2.1	.3222	.3243	.3263	.3284	.3304	.3324	.3345	.3365	.3385	.3404	2 4 6	8 10 12	14 16 18
2.2	.3424	.3444	.3464	.3483	.3502	.3522	.3541	.3560	.3579	.3598	2 4 6	8 10 12	14 15 17
2.3	.3617	.3636	.3655	.3674	.3692	.3711	.3729	.3747	.3766	.3784	2 4 6	7 9 11	13 15 17
2.4	.3802	.3820	.3838	.3856	.3874	.3892	.3909	.3927	.3945	.3962	2 4 5	7 9 11	12 14 16
2.5	.3979	.3997	.4014	.4031	.4048	.4065	.4082	.4099	.4116	.4133	2 3 5	7 9 10	12 14 15
2.6	.4150	.4166	.4183	.4200	.4216	.4232	.4249	.4265	.4281	.4298	2 3 5	7 8 10	11 13 15
2.7	.4314	.4330	.4346	.4362	.4378	.4393	.4409	.4425	.4440	.4456	2 3 5	6 8 9	11 13 14
2.8	.4472	.4487	.4502	.4518	.4533	.4548	.4564	.4579	.4594	.4609	2 3 5	6 8 9	11 12 14
2.9	.4624	.4639	.4654	.4669	.4683	.4698	.4713	.4728	.4742	.4757	1 3 4	6 7 9	10 12 13
3.0	.4771	.4786	.4800	.4814	.4829	.4843	.4857	.4871	.4886	.4900	1 3 4	6 7 9	10 11 13
3.1	.4914	.4928	.4942	.4955	.4969	.4983	.4997	.5011	.5024	.5038	1 3 4	6 7 8	10 11 12
3.2	.5051	.5065	.5079	.5092	.5105	.5119	.5132	.5145	.5159	.5172	1 3 4	5 7 8	9 11 12
3.3	.5185	.5198	.5211	.5224	.5237	.5250	.5263	.5276	.5289	.5302	1 3 4	5 6 8	9 10 12
3.4	.5315	.5328	.5340	.5353	.5366	.5378	.5391	.5403	.5416	.5428	1 3 4	5 6 8	9 10 11
3.5	.5441	.5453	.5465	.5478	.5490	.5502	.5514	.5527	.5539	.5551	1 2 4	5 6 7	9 10 11
3.6	.5563	.5575	.5587	.5599	.5611	.5623	.5635	.5647	.5658	.5670	1 2 4	5 6 7	8 10 11
3.7	.5682	.5694	.5705	.5717	.5729	.5740	.5752	.5763	.5775	.5786	1 2 3	5 6 7	8 9 10
3.8	.5798	.5809	.5821	.5832	.5843	.5855	.5866	.5877	.5888	.5899	1 2 3	5 6 7	8 9 10
3.9	.5911	.5922	.5933	.5944	.5955	.5966	.5977	.5988	.5999	.6010	1 2 3	4 5 7	8 9 10
4.0	.6021	.6031	.6042	.6053	.6064	.6075	.6085	.6096	.6107	.6117	1 2 3	4 5 7	8 9 10
4.1	.6128	.6138	.6149	.6160	.6170	.6180	.6191	.6201	.6212	.6222	1 2 3	4 5 6	7 8 9
4.2	.6232	.6243	.6253	.6263	.6274	.6284	.6294	.6304	.6314	.6325	1 2 3	4 5 6	7 8 9
4.3	.6335	.6345	.6355	.6365	.6375	.6385	.6395	.6405	.6415	.6425	1 2 3	4 5 6	7 8 9
4.4	.6435	.6444	.6454	.6464	.6474	.6484	.6493	.6503	.6513	.6522	1 2 3	4 5 6	7 8 9
4.5	.6532	.6542	.6551	.6561	.6571	.6580	.6590	.6599	.6609	.6618	1 2 3	4 5 6	7 8 9
4.6	.6628	.6637	.6646	.6656	.6665	.6675	.6684	.6693	.6702	.6712	1 2 3	4 5 6	7 7 8
4.7	.6721	.6730	.6739	.6749	.6758	.6767	.6776	.6785	.6794	.6803	1 2 3	4 5 5	6 7 8
4.8	.6812	.6821	.6830	.6839	.6848	.6857	.6866	.6875	.6884	.6893	1 2 3	4 4 5	6 7 8
4.9	.6902	.6911	.6920	.6928	.6937	.6946	.6955	.6964	.6972	.6981	1 2 3	4 4 5	6 7 8
5.0	.6990	.6998	.7007	.7016	.7024	.7033	.7042	.7050	.7059	.7067	1 2 3	3 4 5	6 7 8
5.1	.7076	.7084	.7093	.7101	.7110	.7118	.7126	.7135	.7143	.7152	1 2 3	3 4 5	6 7 8
5.2	.7160	.7168	.7177	.7185	.7193	.7202	.7210	.7218	.7226	.7235	1 2 2	3 4 5	6 7 7
5.3	.7243	.7251	.7259	.7267	.7275	.7284	.7292	.7300	.7308	.7316	1 2 2	3 4 5	6 6 7

数表

常用対数表（その2）

数	0	1	2	3	4	5	6	7	8	9	比例部分								
											1	2	3	4	5	6	7	8	9
5.4	.7324	.7332	.7340	.7348	.7356	.7364	.7372	.7380	.7388	.7396	1	2	2	3	4	5	6	6	7
5.5	.7404	.7412	.7419	.7427	.7435	.7443	.7451	.7459	.7466	.7474	1	2	2	3	4	5	5	6	7
5.6	.7482	.7490	.7497	.7505	.7513	.7520	.7528	.7536	.7543	.7551	1	2	2	3	4	5	5	6	7
5.7	.7559	.7566	.7574	.7582	.7589	.7597	.7604	.7612	.7619	.7627	1	2	2	3	4	5	5	6	7
5.8	.7634	.7642	.7649	.7657	.7664	.7672	.7679	.7686	.7694	.7701	1	1	2	3	4	4	5	6	7
5.9	.7709	.7716	.7723	.7731	.7738	.7745	.7752	.7760	.7767	.7774	1	1	2	3	4	4	5	6	7
6.0	.7782	.7789	.7796	.7803	.7810	.7818	.7825	.7832	.7839	.7846	1	1	2	3	4	4	5	6	6
6.1	.7853	.7860	.7868	.7875	.7882	.7889	.7896	.7903	.7910	.7917	1	1	2	3	4	4	5	6	6
6.2	.7924	.7931	.7938	.7945	.7952	.7959	.7966	.7973	.7980	.7987	1	1	2	3	3	4	5	6	6
6.3	.7993	.8000	.8007	.8014	.8021	.8028	.8035	.8041	.8048	.8055	1	1	2	3	3	4	5	5	6
6.4	.8062	.8069	.8075	.8082	.8089	.8096	.8102	.8109	.8116	.8122	1	1	2	3	3	4	5	5	6
6.5	.8129	.8136	.8142	.8149	.8156	.8162	.8169	.8176	.8182	.8189	1	1	2	3	3	4	5	5	6
6.6	.8195	.8202	.8209	.8215	.8222	.8228	.8235	.8241	.8248	.8254	1	1	2	3	3	4	5	5	6
6.7	.8261	.8267	.8274	.8280	.8287	.8293	.8299	.8306	.8312	.8319	1	1	2	3	3	4	5	5	6
6.8	.8325	.8331	.8338	.8344	.8351	.8357	.8363	.8370	.8376	.8382	1	1	2	3	3	4	4	5	6
6.9	.8388	.8395	.8401	.8407	.8414	.8420	.8426	.8432	.8439	.8445	1	1	2	2	3	4	4	5	6
7.0	.8451	.8457	.8463	.8470	.8476	.8482	.8488	.8494	.8500	.8506	1	1	2	2	3	4	4	5	6
7.1	.8513	.8519	.8525	.8531	.8537	.8543	.8549	.8555	.8561	.8567	1	1	2	2	3	4	4	5	5
7.2	.8573	.8579	.8585	.8591	.8597	.8603	.8609	.8615	.8621	.8627	1	1	2	2	3	4	4	5	5
7.3	.8633	.8639	.8645	.8651	.8657	.8663	.8669	.8675	.8681	.8686	1	1	2	2	3	4	4	5	5
7.4	.8692	.8698	.8704	.8710	.8716	.8722	.8727	.8733	.8739	.8745	1	1	2	2	3	4	4	5	5
7.5	.8751	.8756	.8762	.8768	.8774	.8779	.8785	.8791	.8797	.8802	1	1	2	2	3	3	4	5	5
7.6	.8808	.8814	.8820	.8825	.8831	.8837	.8842	.8848	.8854	.8859	1	1	2	2	3	3	4	5	5
7.7	.8865	.8871	.8876	.8882	.8887	.8893	.8899	.8904	.8910	.8915	1	1	2	2	3	3	4	4	5
7.8	.8921	.8927	.8932	.8938	.8943	.8949	.8954	.8960	.8965	.8971	1	1	2	2	3	3	4	4	5
7.9	.8976	.8982	.8987	.8993	.8998	.9004	.9009	.9015	.9020	.9025	1	1	2	2	3	3	4	4	5
8.0	.9031	.9036	.9042	.9047	.9053	.9058	.9063	.9069	.9074	.9079	1	1	2	2	3	3	4	4	5
8.1	.9085	.9090	.9096	.9101	.9106	.9112	.9117	.9122	.9128	.9133	1	1	2	2	3	3	4	4	5
8.2	.9138	.9143	.9149	.9154	.9159	.9165	.9170	.9175	.9180	.9186	1	1	2	2	3	3	4	4	5
8.3	.9191	.9196	.9201	.9206	.9212	.9217	.9222	.9227	.9232	.9238	1	1	2	2	3	3	4	4	5
8.4	.9243	.9248	.9253	.9258	.9263	.9269	.9274	.9279	.9284	.9289	1	1	2	2	3	3	4	4	5
8.5	.9294	.9299	.9304	.9309	.9315	.9320	.9325	.9330	.9335	.9340	1	1	2	2	3	3	4	4	5
8.6	.9345	.9350	.9355	.9360	.9365	.9370	.9375	.9380	.9385	.9390	1	1	2	2	3	3	4	4	5
8.7	.9395	.9400	.9405	.9410	.9415	.9420	.9425	.9430	.9435	.9440	0	1	1	2	2	3	3	4	4
8.8	.9445	.9450	.9455	.9460	.9465	.9469	.9474	.9479	.9484	.9489	0	1	1	2	2	3	3	4	4
8.9	.9494	.9499	.9504	.9509	.9513	.9518	.9523	.9528	.9533	.9538	0	1	1	2	2	3	3	4	4
9.0	.9542	.9547	.9552	.9557	.9562	.9566	.9571	.9576	.9581	.9586	0	1	1	2	2	3	3	4	4
9.1	.9590	.9595	.9600	.9605	.9609	.9614	.9619	.9624	.9628	.9633	0	1	1	2	2	3	3	4	4
9.2	.9638	.9643	.9647	.9652	.9657	.9661	.9666	.9671	.9675	.9680	0	1	1	2	2	3	3	4	4
9.3	.9685	.9689	.9694	.9699	.9703	.9708	.9713	.9717	.9722	.9727	0	1	1	2	2	3	3	4	4
9.4	.9731	.9736	.9741	.9745	.9750	.9754	.9759	.9763	.9768	.9773	0	1	1	2	2	3	3	4	4
9.5	.9777	.9782	.9786	.9791	.9795	.9800	.9805	.9809	.9814	.9818	0	1	1	2	2	3	3	4	4
9.6	.9823	.9827	.9832	.9836	.9841	.9845	.9850	.9854	.9859	.9863	0	1	1	2	2	3	3	4	4
9.7	.9868	.9872	.9877	.9881	.9886	.9890	.9894	.9899	.9903	.9908	0	1	1	2	2	3	3	4	4
9.8	.9912	.9917	.9921	.9926	.9930	.9934	.9939	.9943	.9948	.9952	0	1	1	2	2	3	3	4	4
9.9	.9956	.9961	.9965	.9969	.9974	.9978	.9983	.9987	.9991	.9996	0	1	1	2	2	3	3	3	4

9.　乱数表（その1）

```
70 03 97 61 46    73 63 68 77 74    86 88 94 07 92    37 06 06 52 85    47 07 37 48 10
99 41 06 12 73    96 62 39 44 05    50 47 72 04 80    39 25 83 46 56    30 84 83 06 76
91 70 04 84 34    55 91 60 74 90    82 97 95 31 54    68 44 01 31 03    85 11 67 39 61
48 30 03 63 83    58 56 95 28 53    05 18 02 36 83    34 61 84 39 95    59 17 24 33 15
42 17 55 10 07    87 23 47 78 43    02 50 21 98 38    76 64 09 25 76    15 22 94 40 40

71 96 73 57 86    59 02 39 27 48    18 58 81 79 61    60 29 55 91 77    79 59 23 61 17
62 62 70 41 47    73 67 37 61 48    51 95 93 94 86    13 14 44 60 60    30 28 43 39 14
57 11 75 59 81    67 92 67 70 65    45 73 16 30 76    35 18 10 12 69    44 62 80 62 03
62 51 98 46 69    79 78 47 81 61    35 75 96 02 84    68 81 54 31 98    26 49 99 73 14
66 61 00 11 64    15 31 34 58 32    20 36 06 87 35    16 33 85 03 04    57 12 00 45 55

77 70 99 11 51    97 34 28 09 47    07 75 45 25 66    86 06 41 95 88    48 96 60 59 83
93 30 83 38 48    56 78 37 97 47    54 10 07 70 96    80 13 24 60 36    53 79 11 56 79
67 80 43 18 42    20 34 70 08 29    16 29 86 63 49    05 21 27 39 17    35 48 63 63 20
21 97 62 29 25    70 00 44 90 48    39 38 87 75 29    52 20 21 90 56    86 37 16 78 67
35 36 20 13 74    16 54 34 96 88    20 01 99 55 66    55 96 60 28 54    63 47 05 83 10

74 25 03 36 68    56 33 86 56 76    97 34 24 03 98    65 41 70 26 53    64 87 07 58 75
42 50 25 91 78    30 41 08 30 80    97 71 82 24 96    13 35 85 57 79    16 12 55 47 06
59 22 48 48 63    08 94 76 96 61    09 71 43 72 24    81 04 40 06 30    45 19 38 70 07
95 67 54 43 39    88 77 93 08 52    08 78 48 95 91    46 79 38 47 22    36 88 14 04 98
45 70 84 82 08    82 73 96 05 78    89 76 76 62 01    28 16 27 50 13    60 17 37 95 71

14 99 66 59 18    37 72 73 26 72    10 01 14 31 76    95 50 49 31 77    19 87 44 05 21
86 69 68 14 17    65 50 56 97 94    72 91 85 04 82    71 90 59 72 65    27 98 87 23 58
30 85 36 01 06    90 05 24 93 28    20 26 84 47 33    44 64 58 83 97    41 47 19 12 63
81 29 81 88 14    89 38 01 62 93    88 39 24 38 01    93 71 13 26 44    98 50 14 83 76
56 61 80 09 49    43 77 95 77 89    65 94 61 73 63    59 85 81 36 59    32 83 80 62 54

20 78 05 73 37    43 55 25 72 54    80 28 42 61 43    15 18 09 27 29    29 04 45 63 23
12 16 61 99 28    66 86 30 31 75    16 43 21 91 78    57 58 77 88 88    11 77 68 69 04
74 42 49 96 97    17 60 77 16 87    67 18 37 15 01    67 10 41 88 31    53 20 97 05 72
99 01 28 82 17    29 25 87 84 00    29 32 07 12 47    53 46 41 34 07    42 31 56 40 96
34 90 36 89 71    66 60 87 56 56    29 99 44 78 76    82 23 00 61 08    56 13 29 32 07

36 59 90 86 51    41 43 98 99 01    38 99 67 45 46    58 17 79 93 39    27 38 43 69 00
50 36 06 48 19    66 27 65 21 43    31 79 58 45 19    34 68 31 26 83    57 19 99 41 70
34 69 09 87 29    16 84 36 76 72    94 41 95 05 09    16 18 64 76 38    53 45 05 26 69
65 85 19 09 23    87 99 49 95 09    99 89 01 28 62    81 96 06 16 37    84 18 08 67 28
37 61 59 33 07    02 87 65 75 51    13 77 05 78 16    45 42 09 11 42    94 02 44 88 66

76 51 94 10 72    65 24 47 97 96    23 09 62 68 55    70 24 07 47 54    61 53 72 64 58
02 12 51 92 19    65 12 30 91 12    63 23 68 54 02    61 10 85 84 09    59 53 88 31 94
64 59 50 12 68    50 77 31 57 46    47 87 59 81 83    72 11 19 78 86    42 11 37 39 29
84 27 36 51 76    66 36 78 37 34    26 54 08 12 95    57 36 35 71 50    06 07 90 61 94
08 05 83 56 59    69 01 97 44 46    56 53 68 74 78    14 11 43 79 82    55 31 95 45 94

76 08 60 22 67    54 62 80 66 90    44 59 94 76 27    48 25 43 68 30    92 45 87 03 22
24 43 63 62 73    62 62 10 12 20    14 92 94 92 11    50 86 53 39 22    26 15 53 80 09
06 47 30 10 09    28 36 62 57 99    55 03 69 86 13    57 48 51 00 73    49 85 83 36 26
54 10 61 63 67    71 23 03 71 23    10 80 31 33 71    60 58 77 24 24    20 78 71 36 56
46 84 67 14 10    21 66 96 72 07    58 18 70 52 23    79 25 46 44 39    53 39 91 56 53

23 77 78 12 34    96 02 46 17 15    92 23 91 93 85    82 39 43 44 08    45 15 41 45 03
98 76 88 81 00    75 94 03 62 77    24 07 34 81 51    25 21 14 50 08    59 29 74 68 40
64 88 19 52 18    94 27 23 65 50    87 11 52 28 01    48 17 57 68 69    54 89 95 72 48
53 43 84 18 25    47 09 14 40 31    13 44 83 84 51    30 62 42 92 63    37 85 60 79 95
21 35 48 30 32    68 22 98 43 57    47 03 45 96 80    50 96 71 75 86    05 94 07 62 47
```

数　　表　137

乱数表（その2）

94 13 62 65 43	76 64 64 87 95	09 17 33 84 15	71 44 59 73 02	97 90 06 10 07
18 62 55 60 01	85 32 12 08 73	64 36 42 51 56	71 03 31 16 64	56 93 46 96 61
68 77 27 49 86	29 39 30 35 75	17 70 40 74 29	81 73 95 86 74	66 16 49 26 22
95 93 82 34 90	29 31 91 58 97	30 01 51 42 24	03 67 87 65 75	96 60 03 12 68
31 55 38 83 59	17 83 83 76 16	05 77 99 97 23	43 58 01 98 63	47 82 86 97 93
81 81 76 33 35	44 67 97 19 53	93 76 33 20 03	68 23 82 85 42	54 85 60 18 82
05 18 44 23 18	01 26 84 93 60	95 90 10 86 55	74 98 57 04 00	05 42 45 96 37
73 02 08 33 04	01 12 90 06 73	47 60 17 52 27	09 89 60 44 33	38 90 66 57 09
06 09 71 20 99	06 13 42 52 12	93 08 32 10 97	74 77 96 93 09	39 97 54 15 14
63 01 72 01 40	84 66 49 46 33	64 57 09 02 62	53 54 79 68 81	85 74 59 54 57
23 43 90 96 30	16 00 82 94 14	39 60 28 46 33	75 50 01 27 20	96 74 26 12 71
46 24 76 71 25	80 39 72 86 48	20 33 78 66 21	56 58 59 32 60	55 47 88 48 10
16 78 91 45 79	27 12 15 85 89	62 83 95 33 11	62 63 60 90 10	03 30 83 37 61
52 78 13 58 35	04 09 52 44 30	13 87 39 54 22	58 41 26 94 12	18 12 68 34 99
77 03 83 27 05	66 19 74 00 67	41 99 88 77 49	08 52 12 54 59	35 01 88 65 48
08 46 60 19 43	24 08 04 76 55	02 53 38 71 32	25 18 12 87 52	49 32 75 25 69
56 24 81 64 85	69 57 27 53 98	48 32 53 31 56	47 95 80 33 88	55 62 57 46 90
44 54 75 32 47	07 87 98 42 94	52 74 88 53 11	41 52 77 16 39	48 34 45 45 15
90 94 80 52 41	89 00 82 94 00	59 22 05 06 15	37 96 43 17 77	24 31 14 12 68
35 16 56 97 76	33 99 89 76 20	02 78 20 96 06	47 16 02 01 51	99 01 38 46 79
90 30 90 10 00	96 68 98 26 47	37 38 19 78 00	82 57 36 87 58	70 04 26 77 63
78 55 63 26 82	94 36 94 23 21	19 70 74 50 85	16 88 45 83 38	31 16 94 02 78
36 13 04 13 17	83 01 12 33 50	55 86 60 26 05	92 74 56 22 26	01 31 40 13 37
14 29 48 94 66	55 26 22 35 47	45 27 86 41 52	91 05 09 92 62	68 72 34 01 73
67 38 47 18 53	48 74 50 27 38	16 01 49 20 95	72 73 91 96 22	16 49 17 18 49
68 63 16 39 01	03 36 11 47 00	75 94 02 37 02	60 16 33 27 08	02 59 35 12 21
97 16 45 98 77	92 10 66 49 88	48 80 61 04 52	23 11 66 20 71	22 50 25 77 17
89 13 53 11 72	45 94 20 67 06	17 14 72 22 99	94 39 92 34 06	13 31 90 04 69
37 30 38 36 19	97 69 10 79 04	38 37 49 25 11	55 70 11 37 68	44 50 75 05 38
97 25 47 26 44	96 90 43 06 36	51 84 31 99 38	22 75 76 21 05	37 37 84 45 32
57 20 86 54 05	91 31 50 68 16	78 95 98 38 51	93 32 08 71 10	00 96 30 06 49
05 37 09 59 45	02 27 72 38 41	59 33 79 12 75	86 75 41 66 87	32 09 51 85 42
67 74 54 32 79	86 76 38 99 04	94 57 70 14 22	17 61 95 14 66	58 29 64 44 98
27 43 13 46 44	70 94 62 46 45	42 20 64 43 95	04 61 30 29 14	07 23 80 70 33
14 37 83 85 85	03 10 79 07 49	09 27 48 60 42	68 78 26 50 06	16 33 10 13 26
40 15 28 90 93	88 71 15 62 61	54 78 29 67 72	30 50 72 71 79	02 21 12 36 62
84 93 78 67 91	02 22 24 10 42	38 12 96 26 56	10 46 24 97 88	91 86 91 82 34
51 10 75 03 73	91 14 21 05 85	45 80 91 77 80	88 79 53 24 14	90 56 96 77 62
88 72 15 23 81	33 51 59 49 34	27 41 08 59 15	52 25 64 24 29	40 42 76 57 01
49 82 19 67 96	88 00 66 04 39	00 65 60 66 28	08 73 52 13 94	34 68 55 07 34
70 03 77 51 92	16 93 11 14 07	81 86 53 07 14	98 84 31 75 18	83 74 67 90 06
01 16 26 38 03	36 03 54 97 18	35 44 21 65 82	44 71 30 17 50	39 50 34 42 50
93 02 23 24 23	44 13 30 00 40	69 04 60 01 66	29 60 44 20 93	14 84 57 92 42
67 05 68 65 11	37 23 24 42 64	31 04 76 79 60	99 34 49 20 95	83 40 39 24 53
07 51 74 53 19	74 04 22 33 30	18 32 49 82 39	36 94 88 92 97	15 38 54 22 95
95 77 13 10 55	78 58 44 86 02	85 53 53 00 28	70 85 36 78 55	99 32 75 37 19
29 80 45 46 43	89 66 79 16 57	29 92 54 77 37	97 43 96 45 04	11 57 29 75 67
54 90 37 35 43	27 60 59 72 14	32 58 53 80 80	35 38 43 31 34	24 32 32 27 89
11 97 42 51 74	65 10 42 50 42	40 91 30 96 51	02 37 61 73 59	90 29 68 48 94
62 40 03 87 10	96 88 22 46 94	35 56 60 94 20	60 73 04 84 98	96 45 18 47 07

#10. t-分布表

$$P(|T| > t_\nu(\alpha)) = \alpha$$

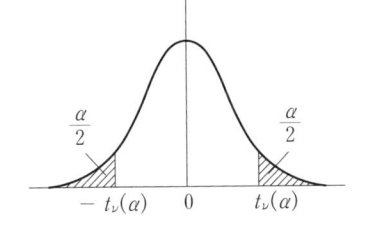

$\alpha\left(\dfrac{\alpha}{2}\right)$ 自由度 ν	0.20 (0.10)	0.10 (0.05)	0.05 (0.025)	0.02 (0.01)	0.01 (0.005)
1	3.078	6.314	12.706	31.821	63.657
2	1.886	2.920	4.303	6.965	9.925
3	1.638	2.353	3.182	4.541	5.841
4	1.533	2.132	2.776	3.747	4.604
5	1.476	2.015	2.571	3.365	4.032
6	1.440	1.943	2.447	3.143	3.707
7	1.415	1.895	2.365	2.998	3.499
8	1.397	1.860	2.306	2.896	3.355
9	1.383	1.833	2.262	2.821	3.250
10	1.372	1.812	2.228	2.764	3.169
11	1.363	1.796	2.201	2.718	3.106
12	1.356	1.782	2.179	2.681	3.055
13	1.350	1.771	2.160	2.650	3.012
14	1.345	1.761	2.145	2.624	2.977
15	1.341	1.753	2.131	2.602	2.947
16	1.337	1.746	2.120	2.583	2.921
17	1.333	1.740	2.110	2.567	2.898
18	1.330	1.734	2.101	2.552	2.878
19	1.328	1.729	2.093	2.539	2.861
20	1.325	1.725	2.086	2.528	2.845
21	1.323	1.721	2.080	2.518	2.831
22	1.321	1.717	2.074	2.508	2.819
23	1.319	1.714	2.069	2.500	2.807
24	1.318	1.711	2.064	2.492	2.797
25	1.316	1.708	2.060	2.485	2.787
26	1.315	1.706	2.056	2.479	2.779
27	1.314	1.703	2.052	2.473	2.771
28	1.313	1.701	2.048	2.467	2.763
29	1.311	1.699	2.045	2.462	2.756
30	1.310	1.697	2.042	2.457	2.750
40	1.303	1.684	2.021	2.423	2.704
60	1.296	1.671	2.000	2.390	2.660
120	1.289	1.658	1.980	2.358	2.617
∞	1.282	1.645	1.960	2.326	2.576

11. χ^2 分布表

$$P(\chi^2_\nu > \chi^2_\nu(\alpha)) = \alpha$$

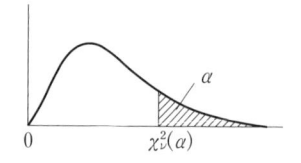

自由度 ν \ α	0.995	0.975	0.050	0.025	0.010	0.005
1	0.0^4393	0.0^3982	3.841	5.024	6.635	7.879
2	0.0100	0.0506	5.991	7.378	9.210	10.60
3	0.0717	0.2158	7.815	9.348	11.34	12.84
4	0.2070	0.4844	9.488	11.14	13.28	14.86
5	0.4117	0.8312	11.07	12.83	15.09	16.75
6	0.6757	1.237	12.59	14.45	16.81	18.55
7	0.9893	1.690	14.07	16.01	18.48	20.28
8	1.344	2.180	15.51	17.53	20.09	21.95
9	1.735	2.700	16.92	19.02	21.67	23.59
10	2.156	3.247	18.31	20.48	23.21	25.19
11	2.603	3.816	19.68	21.92	24.73	26.76
12	3.074	4.404	21.03	23.34	26.22	28.30
13	3.565	5.009	22.36	24.74	27.69	29.82
14	4.075	5.629	23.68	26.12	29.14	31.32
15	4.601	6.262	25.00	27.49	30.58	32.80
16	5.142	6.908	26.30	28.85	32.00	34.27
17	5.697	7.564	27.59	30.19	33.41	35.72
18	6.265	8.231	28.87	31.53	34.81	37.16
19	6.844	8.907	30.14	32.85	36.19	38.58
20	7.434	9.591	31.41	34.17	37.57	40.00
21	8.034	10.28	32.67	35.48	38.93	41.40
22	8.643	10.98	33.92	36.78	40.29	42.80
23	9.260	11.69	35.17	38.08	41.64	44.18
24	9.886	12.40	36.42	39.36	42.98	45.56
25	10.52	13.12	37.65	40.65	44.31	46.93
26	11.16	13.84	38.89	41.92	45.64	48.29
27	11.81	14.57	40.11	43.19	46.96	49.64
28	12.46	15.31	41.34	44.46	48.28	50.99
29	13.12	16.05	42.56	45.72	49.59	52.34
30	13.79	16.79	43.77	46.98	50.89	53.67
40	20.71	23.43	55.76	59.34	63.69	66.77
50	27.99	32.36	67.50	71.42	76.15	79.49
60	35.53	40.48	79.08	83.30	88.38	91.95

#12. F-分布表（その1）

$\alpha = 0.05$

ν_2 \ ν_1	1	2	3	4	5	6	7	8	9	10	12	15	20	24	30	40	60	120	∞
1	161	200	216	225	230	234	237	239	241	242	244	246	248	249	250	251	252	253	254
2	18.5	19.0	19.2	19.2	19.3	19.3	19.4	19.4	19.4	19.4	19.4	19.4	19.4	19.5	19.5	19.5	19.5	19.5	19.5
3	10.1	9.55	9.28	9.12	9.01	8.94	8.89	8.85	8.81	8.79	8.74	8.70	8.66	8.64	8.62	8.59	8.57	8.55	8.53
4	7.71	6.94	6.59	6.39	6.26	6.16	6.09	6.04	6.00	5.96	5.91	5.86	5.80	5.77	5.75	5.72	5.69	5.66	5.63
5	6.61	5.79	5.41	5.19	5.05	4.95	4.88	4.82	4.77	4.74	4.68	4.62	4.56	4.53	4.50	4.46	4.43	4.40	4.36
6	5.99	5.14	4.76	4.53	4.39	4.28	4.21	4.15	4.10	4.06	4.00	3.94	3.87	3.84	3.81	3.77	3.74	3.70	3.67
7	5.59	4.74	4.35	4.12	3.97	3.87	3.79	3.73	3.68	3.64	3.57	3.51	3.44	3.41	3.38	3.34	3.30	3.27	3.23
8	5.32	4.46	4.07	3.84	3.69	3.58	3.50	3.44	3.39	3.35	3.28	3.22	3.15	3.12	3.08	3.04	3.01	2.97	2.93
9	5.12	4.26	3.86	3.63	3.48	3.37	3.29	3.23	3.18	3.14	3.07	3.01	2.94	2.90	2.86	2.83	2.79	2.75	2.71
10	4.96	4.10	3.71	3.48	3.33	3.22	3.14	3.07	3.02	2.98	2.91	2.85	2.77	2.74	2.70	2.66	2.62	2.58	2.54
11	4.84	3.98	3.59	3.36	3.20	3.09	3.01	2.95	2.90	2.85	2.79	2.72	2.65	2.61	2.57	2.53	2.49	2.45	2.40
12	4.75	3.89	3.49	3.26	3.11	3.00	2.91	2.85	2.80	2.75	2.69	2.62	2.54	2.51	2.47	2.43	2.38	2.34	2.30
13	4.67	3.81	3.41	3.18	3.03	2.92	2.83	2.77	2.71	2.67	2.60	2.53	2.46	2.42	2.38	2.34	2.30	2.25	2.21
14	4.60	3.74	3.34	3.11	2.96	2.85	2.76	2.70	2.65	2.60	2.53	2.46	2.39	2.35	2.31	2.27	2.22	2.18	2.13
15	4.54	3.68	3.29	3.06	2.90	2.79	2.71	2.64	2.59	2.54	2.48	2.40	2.33	2.29	2.25	2.20	2.16	2.11	2.07
16	4.49	3.63	3.24	3.01	2.85	2.74	2.66	2.59	2.54	2.49	2.42	2.35	2.28	2.24	2.19	2.15	2.11	2.06	2.01
17	4.45	3.59	3.20	2.96	2.81	2.70	2.61	2.55	2.49	2.45	2.38	2.31	2.23	2.19	2.15	2.10	2.06	2.01	1.96
18	4.41	3.55	3.16	2.93	2.77	2.66	2.58	2.51	2.46	2.41	2.34	2.27	2.19	2.15	2.11	2.06	2.02	1.97	1.92
19	4.38	3.52	3.13	2.90	2.74	2.63	2.54	2.48	2.42	2.38	2.31	2.23	2.16	2.11	2.07	2.03	1.98	1.93	1.88
20	4.35	3.49	3.10	2.87	2.71	2.60	2.51	2.45	2.39	2.35	2.28	2.20	2.12	2.08	2.04	1.99	1.95	1.90	1.84
21	4.32	3.47	3.07	2.84	2.68	2.57	2.49	2.42	2.37	2.32	2.25	2.18	2.10	2.05	2.01	1.96	1.92	1.87	1.81
22	4.30	3.44	3.05	2.82	2.66	2.55	2.46	2.40	2.34	2.30	2.23	2.15	2.07	2.03	1.98	1.94	1.89	1.84	1.78
23	4.28	3.42	3.03	2.80	2.64	2.53	2.44	2.37	2.32	2.27	2.20	2.13	2.05	2.01	1.96	1.91	1.86	1.81	1.76
24	4.26	3.40	3.01	2.78	2.62	2.51	2.42	2.36	2.30	2.25	2.18	2.11	2.03	1.98	1.94	1.89	1.84	1.79	1.73
25	4.24	3.39	2.99	2.76	2.60	2.49	2.40	2.34	2.28	2.24	2.16	2.09	2.01	1.96	1.92	1.87	1.82	1.77	1.71
26	4.23	3.37	2.98	2.74	2.59	2.47	2.39	2.32	2.27	2.22	2.15	2.07	1.99	1.95	1.90	1.85	1.80	1.75	1.69
27	4.21	3.35	2.96	2.73	2.57	2.46	2.37	2.31	2.25	2.20	2.13	2.06	1.97	1.93	1.88	1.84	1.79	1.73	1.67
28	4.20	3.34	2.95	2.71	2.56	2.45	2.36	2.29	2.24	2.19	2.12	2.04	1.96	1.91	1.87	1.82	1.77	1.71	1.65
29	4.18	3.33	2.93	2.70	2.55	2.43	2.35	2.28	2.22	2.18	2.10	2.03	1.94	1.90	1.85	1.81	1.75	1.70	1.64
30	4.17	3.32	2.92	2.69	2.53	2.42	2.33	2.27	2.21	2.16	2.09	2.01	1.93	1.89	1.84	1.79	1.74	1.68	1.62
40	4.08	3.23	2.84	2.61	2.45	2.34	2.25	2.18	2.12	2.08	2.00	1.92	1.84	1.79	1.74	1.69	1.64	1.58	1.51
60	4.00	3.15	2.76	2.53	2.37	2.25	2.17	2.10	2.04	1.99	1.92	1.84	1.75	1.70	1.65	1.59	1.53	1.47	1.39
120	3.92	3.07	2.68	2.45	2.29	2.17	2.09	2.02	1.96	1.91	1.83	1.75	1.66	1.61	1.55	1.50	1.43	1.35	1.25
∞	3.84	3.00	2.60	2.37	2.21	2.10	2.01	1.94	1.88	1.83	1.75	1.67	1.57	1.52	1.46	1.39	1.32	1.22	1.00

F-分布表（その2）

$\alpha = 0.01$

ϕ_1 \ ϕ_2	1	2	3	4	5	6	7	8	9	10	12	15	20	24	30	40	60	120	∞
1	4050	5000	5400	5620	5760	5860	5930	5980	6020	6060	6110	6160	6210	6230	6260	6290	6310	6340	6370
2	98.5	99.0	99.2	99.2	99.3	99.3	99.4	99.4	99.4	99.4	99.4	99.4	99.4	99.5	99.5	99.5	99.5	99.5	99.5
3	34.1	30.8	29.5	28.7	28.2	27.9	27.7	27.5	27.3	27.2	27.1	26.9	26.7	26.6	26.5	26.4	26.3	26.2	26.1
4	21.2	18.0	16.7	16.0	15.5	15.2	15.0	14.8	14.7	14.5	14.4	14.2	14.0	13.9	13.8	13.7	13.7	13.6	13.5
5	16.3	13.3	12.1	11.4	11.0	10.7	10.5	10.3	10.2	10.1	9.89	9.72	9.55	9.47	9.38	9.29	9.20	9.11	9.02
6	13.7	10.9	9.78	9.15	8.75	8.47	8.26	8.10	7.98	7.87	7.72	7.56	7.40	7.31	7.23	7.14	7.06	6.97	6.88
7	12.2	9.55	8.45	7.85	7.46	7.19	6.99	6.84	6.72	6.62	6.47	6.31	6.16	6.07	5.99	5.91	5.82	5.74	5.65
8	11.3	8.65	7.59	7.01	6.63	6.37	6.18	6.03	5.91	5.81	5.67	5.52	5.36	5.28	5.20	5.12	5.03	4.95	4.86
9	10.6	8.02	6.99	6.42	6.06	5.80	5.61	5.47	5.35	5.26	5.11	4.96	4.81	4.73	4.65	4.57	4.48	4.40	4.31
10	10.0	7.56	6.55	5.99	5.64	5.39	5.20	5.06	4.94	4.85	4.71	4.56	4.41	4.33	4.25	4.17	4.08	4.00	3.91
11	9.65	7.21	6.22	5.67	5.32	5.07	4.89	4.74	4.63	4.54	4.40	4.25	4.10	4.02	3.94	3.86	3.78	3.69	3.60
12	9.33	6.93	5.95	5.41	5.06	4.82	4.64	4.50	4.39	4.30	4.16	4.01	3.86	3.78	3.70	3.62	3.54	3.45	3.36
13	9.07	6.70	5.74	5.21	4.86	4.62	4.44	4.30	4.19	4.10	3.96	3.82	3.66	3.59	3.51	3.43	3.34	3.25	3.17
14	8.86	6.51	5.56	5.04	4.69	4.46	4.28	4.14	4.03	3.94	3.80	3.66	3.51	3.43	3.35	3.27	3.18	3.09	3.00
15	8.68	6.36	5.42	4.89	4.56	4.32	4.14	4.00	3.89	3.80	3.67	3.52	3.37	3.29	3.21	3.13	3.05	2.96	2.87
16	8.53	6.23	5.29	4.77	4.44	4.20	4.03	3.89	3.78	3.69	3.55	3.41	3.26	3.18	3.10	3.02	2.93	2.84	2.75
17	8.40	6.11	5.18	4.67	4.34	4.10	3.93	3.79	3.68	3.59	3.46	3.31	3.16	3.08	3.00	2.92	2.83	2.75	2.65
18	8.29	6.01	5.09	4.58	4.25	4.01	3.84	3.71	3.60	3.51	3.37	3.23	3.08	3.00	2.92	2.84	2.75	2.66	2.57
19	8.18	5.93	5.01	4.50	4.17	3.94	3.77	3.63	3.52	3.43	3.30	3.15	3.00	2.92	2.84	2.76	2.67	2.58	2.49
20	8.10	5.85	4.94	4.43	4.10	3.87	3.70	3.56	3.46	3.37	3.23	3.09	2.94	2.86	2.78	2.69	2.61	2.52	2.42
21	8.02	5.78	4.87	4.37	4.04	3.81	3.64	3.51	3.40	3.31	3.17	3.03	2.88	2.80	2.72	2.64	2.55	2.46	2.36
22	7.95	5.72	4.82	4.31	3.99	3.76	3.59	3.45	3.35	3.26	3.12	2.98	2.83	2.75	2.67	2.58	2.50	2.40	2.31
23	7.88	5.66	4.76	4.26	3.94	3.71	3.54	3.41	3.30	3.21	3.07	2.93	2.78	2.70	2.62	2.54	2.45	2.35	2.26
24	7.82	5.61	4.72	4.22	3.90	3.67	3.50	3.36	3.26	3.17	3.03	2.89	2.74	2.66	2.58	2.49	2.40	2.31	2.21
25	7.77	5.57	4.68	4.18	3.85	3.63	3.46	3.32	3.22	3.13	2.99	2.85	2.70	2.62	2.54	2.45	2.36	2.27	2.17
26	7.72	5.53	4.64	4.14	3.82	3.59	3.42	3.29	3.18	3.09	2.96	2.81	2.66	2.58	2.50	2.42	2.33	2.23	2.13
27	7.68	5.49	4.60	4.11	3.78	3.56	3.39	3.26	3.15	3.06	2.93	2.78	2.63	2.55	2.47	2.38	2.29	2.20	2.10
28	7.64	5.45	4.57	4.07	3.75	3.53	3.36	3.23	3.12	3.03	2.90	2.75	2.60	2.52	2.44	2.35	2.26	2.17	2.06
29	7.60	5.42	4.54	4.04	3.73	3.50	3.33	3.20	3.09	3.00	2.87	2.73	2.57	2.49	2.41	2.33	2.23	2.14	2.03
30	7.56	5.39	4.51	4.02	3.70	3.47	3.30	3.17	3.07	2.98	2.84	2.70	2.55	2.47	2.39	2.30	2.21	2.11	2.01
40	7.31	5.18	4.31	3.83	3.51	3.29	3.12	2.99	2.89	2.80	2.66	2.52	2.37	2.29	2.20	2.11	2.02	1.92	1.80
60	7.08	4.98	4.13	3.65	3.34	3.12	2.95	2.82	2.72	2.63	2.50	2.35	2.20	2.12	2.03	1.94	1.84	1.73	1.60
120	6.85	4.79	3.95	3.48	3.17	2.96	2.79	2.66	2.56	2.47	2.34	2.19	2.03	1.95	1.86	1.76	1.66	1.53	1.38
∞	6.63	4.61	3.78	3.32	3.02	2.80	2.64	2.51	2.41	2.32	2.18	2.04	1.88	1.79	1.70	1.59	1.47	1.32	1.00

索　引

■ア　行

F 分布	91, 106, 109

■カ　行

回帰直線	72
階級	57
階級値	58
階級の幅	58
χ^2 検定	88
χ^2 分布	90, 106
階乗	1
ガウス曲線	46
ガンマ関数	106
確率	15
確率分布	23
──表	23
確率変数（変量）	23
確率密度関数	24
仮説検定	83
片側検定	84
観測度数	88
棄却域	84
棄却された	84
危険率	84
期待金額	25
期待値（平均）	25
期待度数	88
帰無仮説	84
共度数	68
共分散 C_{xy}	66
空事象	13
区間推定	79, 82
組合せ	4
検出力	84
根元事象	13

■サ　行

最小二乗法	71
最小値	61
最大値	61
最頻値	62
散布図	65
Σ（シグマ）	5
試行	13
事後確率	95-6
事象	13
事前確率	95-6
自然対数	21
従属事象	17
自由度	79
順列	1
条件付き確率	17
常用対数	21
信頼区間	79
信頼度	79
スタージェスの公式	57
スチューデントの t	81
正規曲線	46
正規分布	46
正規母集団	77
正の相関	65
全事象	13
全数調査	75
相関がない	65
相関係数 r_{xy}	66
相関図	65
相関表	68
相対精度	79
相対度数	58

■タ　行

第一種の誤り	84

人数の法則	41
第二種の誤り	84
対立仮説	84
チェビシェフの不等式	31
中央値	62
中間点	62
重複順列	3
t 検定	86
t 分布	81, 106, 108
適合度	88
点推定	97
統計資料	55
統計の大きさ	55
同様に確からしい	15
独立	25
独立試行	18
独立事象	17
度数	57
度数分布表	57

■ナ 行

二項係数	8
二項定理	8
二項分布	37
——$B(n, p)$ の平均と分散	38
二項母集団	98, 102

■ハ 行

排反事象	16
パスカルの数三角形	10
範囲	61
半整数補正	45
P ％点	58
ヒストグラム	38
左側検定	84
標準化変換	34
標準正規分布	43
——曲線	43
標準偏差	28, 55
標本	75

——の大きさ	75
標本値	77
標本抽出	75
標本調査	75
標本標準偏差	76
標本分散	76
標本平均	76
負の相関	65
不偏推定量	78
不偏分散	78
分割表	89
分散	28, 55
平均（期待値）	25
平均 $\bar{x}$	55
ベイズの定理	95
ベルヌイ試行	18
ベルヌイの定理	41
偏差値	34
ポアソン分布	48
——$PD(\alpha)$ の平均と分散	50
母集団	75
母数	78
母比率	98, 102
——の推定	98
母分散	77-8
——の推定	101
母平均	77

■マ 行

右側検定	84
ミッドレンジ	62
メジアン	62
モード	62

■ヤ 行

有意水準	84
余事象	13

■ラ 行

乱数表	75

離散型確率変数	23	——折れ線	60
両側検定	84	レンジ	61
累積相対度数	58	連続型確率変数	24
累積度数	58		

〈著者略歴〉

勝野恵子（かつの・けいこ）

1974年　お茶の水女子大学大学院修士課程修了
1979年　ロンドン大学大学院博士課程修了（Ph. D）
現　在　神奈川大学・実践女子大学 ⎫
　　　　法政大学・北里大学　　　　⎬ 非常勤講師
　　　　　　　　　　　　　　　　　⎭

〔第2版〕　確率・統計学入門

1997年1月10日　第1版1刷発行
2003年3月10日　第2版1刷発行

検印省略	著　　者　勝野恵子
	発行者　大野俊郎
	印刷所　壯光舎㈱
	製本所　美行製本㈲

発行所　八千代出版株式会社
　　　　東京都千代田区三崎町2の2の13
　　　　TEL 03（3262）0420〈代〉

Ⓒ Printed in Japan, 2003.